Albert Streckeisen

MINERALE UND GESTEINE

Hallwag Verlag Bern und Stuttgart

Umschlagfoto: Siegfried Eigstler (Pyrit)
Sammlung: Peter Stille

12. Auflage, 1987

Gesamtherstellung: Hallwag AG Bern
ISBN 3 444 50062 9

Hallwag

Inhalt

Vorwort

Wer mit offenen Augen durch die Berge wandert, dem Ufer eines Flusses entlangzieht oder durch die großen Ebenen streift, dem fallen Steine von zuweilen eigenartiger Prägung und Färbung auf. Sie stammen oft von fern her und aus weit zurückliegenden Zeiten der Erdgeschichte. Wer sich mit ihnen einläßt und ihnen nachspürt, dem enthüllt sich manchmal eine wunderliche Geschichte, wie sie eigenartiger und spannender mit aller Phantasie nicht hätte ausgedacht werden können.

Minerale und Gesteine setzen die feste Kruste unseres Planeten zusammen. Sie bilden den Boden, auf dem wir uns bewegen. Sie sind das Material, aus dem wir unsere Rohstoffe gewinnen.

Die Zahl der in der Natur vorkommenden Minerale ist überaus groß; sie übersteigt 1000 bei weitem. Und manches Mineral kommt in der Natur in mannigfacher Weise vor; bald in wohlausgebildeten Kristallen von sehr unterschiedlicher Gestaltung, bald eingewachsen im Gestein als dessen Gemengteil.

Auch die Gesteine sind zahlreich und vielfältig: unterschiedlich nach Art und Menge der Minerale, die sie zusammensetzen; unterschiedlich nach Farbe und Gefüge; unterschiedlich auch nach ihrer Entstehung.

Aus der sehr großen Zahl von Mineralen und Gesteinen wurde im vorliegenden Büchlein eine kleine Auswahl getroffen. Auf 16 Tafeln (S. 17–47) sind die wichtigsten Minerale, auf weitern 8 Tafeln (S. 49–63) einige typische Gesteine abgebildet und durch kurze Erläuterungen gekennzeichnet. Bei ihrer Betrachtung möge der Leser bedenken, daß ein flächenhaftes Bild von einem räumlichen Gegenstand stets nur eine unvollkommene Vorstellung geben kann. Das gilt in besonderem Maße für Minerale und Gesteine, die erst bei Betrachtung von allen Seiten ihre wesentlichen Eigenschaften erkennen lassen.

Der Leser erwarte daher nicht, die Minerale und Gesteine, die ihm bei seinen Streifzügen in der Natur entgegentreten, in diesem Büchlein abgebildet zu finden. Es möge ihm genügen, wenn er aus Abbildungen und Erläuterungen Anregung schöpft, um selbständig den Mineralen und Gesteinen der Natur weiter nachzugehen und mit Hilfe der angegebenen Literatur (S. 69 f.) sich eine genauere Kenntnis zu verschaffen.

In einer gedrängten Einführung (S. 6) wird versucht, Minerale und Gesteine zu kennzeichnen und sie zu ordnen nach den Vorgängen, denen sie ihre Entstehung verdanken. Eine Tafel der wichtigsten Kristallformen (S. 15) wird der Leser bei der Betrachtung der Minerale im Bildteil gerne und mit Vorteil zum Vergleich heranziehen.

Die abgebildeten Minerale und Gesteine stammen aus den Sammlungen des Mineralogisch-Petrographischen Instituts der Universität Bern (Direktor: Prof. Dr. E. Niggli) und der Geologisch-Mineralogischen Abteilung des Naturhistorischen Museums der Stadt Bern und aus den Aufsammlungen des Verfassers. Sie beziehen sich naturgemäß vorwiegend auf die Schweiz und ihre Umgebung. Verfasser und Verlag danken allen Beteiligten für die Erlaubnis zur Reproduktion dieser Stücke und ganz besonders den Herren Dr. H. Adrian und D. H. A. Stalder für die große Hilfe bei Auswahl und Wiedergabe der Minerale und Gesteine wie auch Herrn Prof. Dr. L. Déverin für mannigfache Hinweise.

Minerale und ihre Eigenschaften

Als Minerale bezeichnen wir die Grundbestandteile der festen Erdkruste, die durch und durch gleichartig (homogen) beschaffen sind. Zu den Mineralen gehören z. B. die einzelnen Gemengteile der Gesteine ebenso wie die Kristalle, die auf den Klüften der Gesteine aufgewachsen sind.

Minerale besitzen eine bestimmte chemische Zusammensetzung und gewisse Eigenschaften, wie äußere Form, spezifisches Gewicht, Härte, Farbe, Glanz usw. Nach solchen Eigenschaften lassen sich die Minerale erkennen, beschreiben und bestimmen.

Die **chemische Zusammensetzung** läßt sich im Laboratorium anhand von chemischen Reaktionen feststellen. Doch stehen dem Wanderer die nötigen Utensilien und Reagentien meist nicht zur Verfügung. Die Zusammensetzung der Minerale ist meist gewissen Schwankungen unterworfen, indem einzelne Bestandteile (Elemente) durch andere ersetzt werden können. Die im beschreibenden Teil angegebenen chemischen Formeln sind meist vereinfachte Idealformeln. Im großen ganzen sind die Minerale auf S. 16–47 nach ihrer chemischen Zusammensetzung angeordnet.

Wo Minerale in gutausgebildeten **Kristallen** auftreten, da sind deren Formen für die betreffende Mineralart kennzeichnend. Nach ihrer Symmetrie werden die Kristalle in 7 Kristallsysteme geordnet. Jedes System enthält eine Reihe charakteristischer Formen, die allein oder in mannigfaltigen Kombinationen auftreten können. Während einzelne Mineralarten immer in den gleichen Kristallformen auftreten, zeigen andere je nach den Bildungsbedingungen einen sehr verschiedenen Formenschatz und damit ganz unterschiedliches Aussehen. Manche Mineralarten sind auch durch bestimmte Zwillingsbildungen gekennzeichnet. Charakteristische Kristallformen der verschiedenen Systeme sind auf S. 15 zusammengestellt. Eine Einführung in die Kenntnis der Kristallformen geht über den Rahmen dieses Büchleins hinaus; es sei hiefür z. B. auf die auf S. 69 genannten Schriften von Brauns-Chudoba und Parker verwiesen.

Meist zeigen die Minerale keine äußere Kristallgestalt. Solche fehlt normalerweise bei Gesteinsgemengteilen, wo die einzelnen Kristalle sich beim Wachstum gegenseitig behinderten oder als Trümmermaterial zum Absatz gelangten. Doch findet man in Gesteinen manchmal auch gut entwickelte Kristalle (Einsprenglinge, Porphyroblasten). Oft treten die Minerale in **Aggregaten** von charakteristischer Form auf; sie bilden dann z. B. strahlige, faserige, blättrige, schuppige, spätige, körnige oder dichte Aggregate oder kommen in nierigen, schaligen, kugeligen, stalaktitischen Gebilden oder erdigen Massen vor.

Ein bequemes Kennzeichen für die Bestimmung der Minerale ist ihre Härte (Ritzhärte, H). Kann ein Mineral von einem zweiten geritzt werden, so ist das zweite härter als das erste. Nach diesem Grundsatz wurde eine Härteskala von 10 Stufen aufgestellt: 1 Talk, 2 Gips, 3 Kalkspat, 4 Flußspat, 5 Apatit, 6 Feldspat, 7 Quarz, 8 Topas, 9 Korund, 10 Diamant. Ritzt ein Mineral Gips, wird es aber seinerseits von Kalkspat geritzt, so schreibt man ihm die Härte 2½ zu. Stahl hat die Härte 5–6, Glas 5½. Minerale der Härte 1–2 werden schon vom Fingernagel geritzt; solche der Härte 1–4 lassen sich noch leicht mit dem Messer ritzen; solche mit der Härte 6–10 werden vom Messer nicht mehr geritzt, ritzen aber ihrerseits Glas; Minerale der Härte 7–10 geben am Stahl Funken; 8–10 ist Edelsteinhärte. Für gewöhnlich genügt die Härteprobe mit Fingernagel, Messer, Glas und allenfalls noch Quarz.

Bei der Durchführung der Härteproben ist darauf zu achten, daß ein frischer Bruch vorliegt; verwitterte und zersetzte Minerale zeigen meist geringere Härte. Auch prüfe man genau, welches Mineral ritzt und welches geritzt wird (Lupe!). Bei Aggregaten dringt der ritzende Gegenstand häufig zwischen die einzelnen Mineralkörner oder -fasern ein und gibt dann Aufschluß über den Zusammenhang (Kohäsion) des Aggregats, aber nicht über die Härte des einzelnen Minerals.

Einen weiteren Anhaltspunkt gibt das **spezifische Gewicht** (G, in g/cm^3). Dasselbe hängt ab von der Art der Atomsorten (Elemente), die im Mineral auftreten, und von der Dichte ihrer Packung. Bei Edelmetallen ist G über 10. Bei Erzmineralen liegt G meist zwischen 4 und 8. Die gesteinsbildenden Minerale haben in der Regel G zwischen 2,5 und 3,5.

Viele Minerale zeigen eine charakteristische **Spaltbarkeit.** Bei mechanischer Beanspruchung zerfallen sie in Bruchstücke, die von ebenen Flächen begrenzt sind. Diese Spaltflächen gehen oft zu bestimmten Kristallflächen parallel. So zeigen Bleiglanz und Steinsalz eine Spaltbarkeit parallel zu den Flächen des Würfels, Flußspat zu denen des Oktaeders usw. Charakteristische Spaltbarkeit zeigen ferner Glimmer, Gips, Kalkspat, Feldspat, Hornblende, Augit, Chlorit, Talk, Graphit usw. Je leichter sich Spaltflächen herstellen lassen und je ebener und glatter sie sind, um so besser ist die Spaltbarkeit und um so höher ist auch der Glanz auf den Spaltflächen (Glasglanz, Perlmutterglanz, Diamantglanz).

Minerale, die keine oder keine gute Spaltbarkeit aufweisen, zeigen meist einen unebenen, oft muscheligen oder splittrigen **Bruch** (z. B. Quarz, Granat, Turmalin) und entsprechend schwächeren Glanz (Fettglanz usw.).

Nach dem **Glanz** lassen sich oft die nicht metallisch glänzenden (sog. gemeinglänzenden) Minerale von den ausgeprägt metallisch glänzenden unterscheiden. Doch kommen auch Übergänge vor. In seltenen Fällen kann das gleiche Mineral verschieden ausgebildet sein: so z. B. Hämatit als Eisenglanz (metallisch glänzend) und als Roteisenstein (gemeinglänzend).

Ein wichtiges Merkmal der Minerale ist ihre **Farbe.** Sie wird oft bedingt durch die chemische Zusammensetzung des Minerals, manchmal aber auch durch geringe Beimengungen von besonderen färbenden Substanzen. Erzminerale zeigen oft an der Oberfläche bunte Anlauffarben, oft auch durch Verwitterung (Oxydation) einen braunen (limonitischen) Überzug. Manche Minerale treten in sehr verschiedenen Farbvarietäten auf (z. B. Quarz, Korund, Beryll, Turmalin usw.). Charakteristischer ist oft die Farbe des Pulvers, die sog. **Strichfarbe:** man erzeugt durch Reiben des Minerals auf mattem Porzellan (z. B. elektrische Sicherungen) einen Strich, der dann mit dem Finger zerrieben wird; von den beiden roten Mineralen Realgar und Zinnober hat das erstere einen gelborangen, das letztere einen roten Strich.

In den Erläuterungen zu den Bildtafeln sind Bemerkungen (einschließlich Fundortsangaben), die sich auf die abgebildeten Stücke beziehen, in eckige Klammern gesetzt [...]. Hinweise auf den Bildteil werden abgekürzt, z. B. S. 57 Nr. 5 durch S. 57/5.

Vom Vorkommen der Minerale

Viele Minerale finden sich eingewachsen in den Gesteinen als deren Gemengteile. Andere wiederum treten, oft in schön ausgebildeten Kristallen, auf Klüften und in Hohlräumen der Gesteine auf. In anderen Fällen sind bestimmte Minerale in besonderen Lagerstätten (z. B. Erzlagerstätten) angereichert worden. Eine bestimmte Ordnung in der schwer überblickbaren Mannigfaltigkeit ergibt sich, wenn wir nach der Entstehung der Mineralbildungen fragen. Damit ordnen wir gleichzeitig auch die Gesteine, die wir in üblicher Weise in drei große Gruppen einteilen:

1. Eruptivgesteine

An den Vulkanen beobachten wir den Austritt von glühend heißem Schmelzfluß (Magma). Nach Abspaltung von Gasen und Dämpfen, die in die Luft gehen, bewegt sich eine mehr oder minder zähflüssige Schmelzmasse (Lava) talwärts, bis sie durch Abkühlung zum festen Gestein erstarrt ist. So entstehen **Ergußgesteine** (vulkanische Gesteine), wie sie in alten und jungen Vulkangebieten verbreitet sind. Sie bilden die Lavaströme, die oft radial um einen zentralen Schlot angeordnet sind. Oder sie setzen ausgedehnte Lavadecken zusammen, die einstmals an langen Spalten gefördert worden sind. An den Austrittstellen der Gase und Dämpfe (Fumarolen, Solfataren) werden oft bestimmte Minerale (z. B. Schwefel) abgeschieden. In den Vulkangebieten finden sich oft auch heiße Quellen mit charakteristischen Mineralabsätzen.

In andern Fällen – so läßt es sich leicht vorstellen – ist das Magma auf seinem Weg nach der Erdoberfläche in geringerer oder größerer Tiefe steckengeblieben und dort erstarrt. Es bildet dann kleinere oder größere Eruptivkörper in fremdem Nebengestein (Stöcke, Massive). Es entstehen so **Tiefengesteine** (plutonische Gesteine).

Tiefengesteine und Ergußgesteine sind die beiden Hauptgruppen der **Eruptivgesteine.** Sie sind durch einen komplizierten Kristallisationsprozeß aus dem Magma entstanden und heißen daher auch Erstarrungsgesteine oder magmatische Gesteine.

Das **Magma** ist eine heiße Schmelzlösung (ca. 700–1100°), die aus geschmolzenen Metalloxiden besteht. Sie enthält vor allem Kieselsäure (SiO_2), Tonerde (Al_2O_3), Eisen (Fe_2O_3 und FeO), Magnesia (MgO), Kalk (CaO), Natron (Na_2O), Kali (K_2O) und meist auch etwas Titan (TiO_2) und Phosphorsäure (P_2O_5); außerdem in geringerem Maße auch leichtflüchtige Bestandteile, wie Wasser (H_2O) neben etwas Fluor (F), Chlor (Cl), Bor (B), Kohlensäure (CO_2), Schwefelwasserstoff (H_2S) usw. Der Gehalt an Kieselsäure (SiO_2) ist groß und schwankt stark; nach ihm lassen sich die Gesteine einteilen in saure (über 65 % SiO_2), intermediäre (65–52 % SiO_2), basische (52–45 % SiO_2) und ultrabasische (weniger als 45 % SiO_2).

Die **Mineralgemengteile,** die aus dem Magma auskristallisieren, sind dementsprechend reine Kieselsäure (Quarz) und Kieselsäureverbindungen (Silikate) von Metalloxiden. Nach ihrer Farbe unterscheidet man helle und dunkle Gemengteile. Zu den **hellen** gehören außer Quarz die Feldspäte (Kalifeldspat, Plagioklas) und Feldspatvertreter (Leucit, Nephelin usw.); es sind dies Silikate von Al mit K, Na und Ca. Als **dunkle** Gemengteile finden wir den dunklen Glimmer (Biotit), die

Übersicht über die wichtigsten Eruptivgesteine

		Gesteine ohne Foide (Kalk-Alkali-Gesteine)					Gesteine mit Foiden (Alkali-Gesteine)		
Mineralbestand	helle Gt.	Quarz + Kf + Plag	Kf	Plag (int.)	Plag (bas.)		Alkfsp + Foid (Le, Ne)	Plag + Foid (Le, Ne)	Foid (Le, Ne)
	dunkle Gt.	Bi, Ho, (Aug)	Bi, Ho, Aug	(Bi), Ho, Aug, (O. pyx)	Pyx ± Ol	Ol ± Pyx ± Ho	Bi, Ho, Pyx	(Bi), (Ho) Pyx ± Ol	Pyx, Ol
		Zunahme der dunkeln Gemengteile → / ← Zunahme der hellen Gemengteile					Zunahme der dunkeln Gemengteile → / ← Zunahme der hellen Gemengteile		
Chemismus	Gew.-% SiO_2	78–64	65–52	59–52	54–43	46–40	62–48	48–41	46–34
	Charakter	sauer	intermediär	intermediär	basisch	ultrabasisch	intermediär	basisch	ultrabasisch
Ergußgesteine	(glasig)	Obsidian, Bimsstein, Vitrophyr, Pechstein ←→			(sehr selten)				
	frisch	Rhyolith (Liparit)	Trachyt / Trachyandesit	Andesit	Basalt	(selten)	Phonolith Leucittrachyt	Tephrit (ohne Ol) Basanit (mit Ol)	Leucitit Nephelinit Melilithit
	leicht umgewandelt	Quarzporphyr Granophyr	Porphyr	Porphyrit	Diabas Melaphyr	(selten)			
Tiefengesteine		Granit Granodiorit	Syenit / Monzonit	Diorit	Gabbro (mit Dia) Norit (mit O.pyx)	Peridotit Pyroxenit Hornblendit	Nephelinsyenit	Essexit Theralith	(sehr selten)

Abkürzungen:
Alkfsp = Alkalifeldspat
Kf = Kalifeldspat
Plag = Plagioklas
(int.) = intermediär
(bas.) = basisch
Foid = Feldspatvertreter
Le = Leucit
Ne = Nephelin
Bi = Biotit
Ho = Hornblende
Pyx = Pyroxen
Aug = Augit
Dia = Diallag
O.pyx = Orthopyroxen
Ol = Olivin

Minerale der Hornblendegruppe (Amphibole) und der Augitgruppe (Pyroxene) und den Olivin; es sind vorwiegend Silikate von Mg, Fe, Ti, Ca, oft mit etwas Al. Diese Minerale treten in den Eruptivgesteinen in verschiedenen Kombinationen und wechselnden Mengenverhältnissen auf. Doch kommt Quarz normalerweise nicht neben Leucit, Nephelin oder Olivin vor.

Einteilung und Benennung der Eruptivgesteine erfolgen nach dem Mineralbestand. Die Tabelle auf Seite 9 gibt eine Übersicht über die wichtigsten Typen. Da in Mitteleuropa die jungen Ergußgesteine (der Tertiär- und Quartärzeit) meist viel frischer aussehen als die etwas zersetzten oder sonst leicht umgewandelten Gesteine älterer Zeiten, sind hier für entsprechende Gesteine verschiedenen Alters noch unterschiedliche Namen im Gebrauch.

Je nach dem Erstarrungsort zeigen die Eruptivgesteine verschiedenartige **Struktur.** Bei den Tiefengesteinen ist das Temperaturgefälle zum Nebengestein meist nicht sehr groß; die Kristallkeime können daher langsam zu größeren Körnern auswachsen; es entstehen vorzugsweise mittel- bis grobkörnige Gesteine. Bei der Förderung des Magmas an die Oberfläche erfolgt eine rasche und starke Abkühlung; es entstehen zahlreiche Kristallkeime, die sich gegenseitig in ihrem Wachstum hemmen; dadurch entstehen sehr feinkörnige bis dichte Gesteine. Doch sind einzelne Kristalle oft schon vorher zur Ausscheidung gelangt und bilden nun Einsprenglinge in einer feinkörnigen bis dichten Grundmasse, wodurch eine porphyrische Struktur entsteht. Saure Magmen, die sich an die Oberfläche ergießen, sind oft sehr zähflüssig und erschweren dadurch den für das Kristallwachstum nötigen Materialtransport; sie erstarren daher oft glasig. Solcher Art sind die vulkanischen Gläser Obsidian, Pechstein, Vitrophyr (vulkanisches Glas mit Einsprenglingen) (S. 52). Auch die Grundmasse vieler Ergußgesteine enthält teilweise glasige Substanz (Glasbasis).

Zu den Eruptivgesteinen gehört ferner die kleine Gruppe der **Ganggesteine.** Häufig beobachtet man «Gänge», d. h. von parallelen Flächen begrenzte Gesteinskörper von einigen Zentimetern bis einigen Metern Breite. Sie durchsetzen den bereits erstarrten Eruptivstock und treten oft auch ins Nebengestein über. Es sind Produkte der letzten Restlösungen, die bei der Erstarrung des Magmas übriggeblieben sind. Zu ihnen gehören die hellen, feinkörnigen **Aplite** und die hellen, grobkörnigen **Pegmatite** (S. 49/4). In ihnen haben sich leichtflüchtige Bestandteile (wie Wasser, Bor, Fluor, Chlor) und sonst nur spärlich vorhandene Elemente (wie Beryllium, Lithium, Zirkonium, Niob, Tantal, seltene Erden usw.) angereichert und bilden nun viele, oft seltene Minerale. Typische Pegmatitminerale sind Muskovit, Zirkon, Turmalin, Topas, Beryll usw. Oft treten auch dunkle Gänge auf, die eine sehr verschiedenartige Mineralzusammensetzung zeigen. Es sind die **Lamprophyre,** die wahrscheinlich aus einer basischen Unterschicht der eben verfestigten Eruptivmasse stammen.

2. Sedimentgesteine

An der Erdoberfläche sind die einmal gebildeten Gesteine der **Verwitterung** ausgesetzt. Durch Regenfall, Frostwirkung, Temperaturschwankungen und Wachstum der Pflanzenwurzeln werden die Gesteine **mechanisch** gelockert und zunächst in größere Brocken, dann in kleinere Teile, schließlich in die einzelnen Mineralkörner zerlegt. Hand in Hand damit werden die Gesteine unter Einwirkung von Wasser, Kohlensäure (CO_2), Sauerstoff und Pflanzensäuren auch **chemisch** angegriffen. Einzelne Substanzen (wie Kalk) werden aufgelöst; andere werden zersetzt und zu neuen Stoffen umgebildet (so entstehen z. B. aus den Feldspäten die feinen Tonminerale); wieder andere Minerale (z. B. Quarz) sind den Witterungseinflüssen gegenüber sehr widerstandsfähig. Durch die chemische Verwitterung zerfällt so das Gestein in einen löslichen Anteil (vor allem Ca, Na, Mg) und einen unlöslichen Rückstand (Quarzkörner, Glimmerschüppchen, Tonteilchen, Eisenhydroxide usw.).

Die so entstandenen festen Gesteinstrümmer werden nun vom Wasser, seltener vom Wind (Wüstensand! Löß!) oder vom Eis (Moränen!) erfaßt, transportiert und an andern Stellen wieder abgelagert. Es entstehen die **Trümmersedimente** (S. 56). Beim Flußtransport wird das Verwitterungsmaterial gerundet und erfährt gleichzeitig eine Sortierung nach der Korngröße: Die gröberen, zunächst eckigen, dann mehr oder minder gerundeten Brocken bleiben meist in den Flußläufen liegen und bilden hier die Flußschotter. Die feineren Körner werden später, oft bei der Einmündung in Seen oder ins Meer, als Sande abgelagert. Die feinsten Teilchen gelangen meist bis ins Meer und werden hier als Tone, bei Vermischung mit Kalkschlamm als Mergel, abgelagert. Mit der Zeit findet durch Lösungsumsatz eine Verfestigung der lockeren Absätze statt: Das grobe Schuttmaterial wird zu Breccien (mit eckigen Brocken) oder Konglomeraten (mit gerundeten Geröllen), der Sand zum Sandstein, während bei Mergeln und Tonen nur geringere Verfestigung eintritt.

Die gelösten Stoffe gelangen durch die Flüsse in Seen und ins Meer und können dort ausgeschieden werden. Es entstehen so die **Ausscheidungssedimente** (S. 58). Der Kalk wird als $CaCO_3$ abgeschieden, entweder durch direkte Ausfällung oder durch Vermittlung von Organismen. Diese entziehen dem Wasser den Kalk zum Aufbau ihrer Schalen und Skelette (Muscheln, Schnecken, Korallen, Foraminiferen, Kalkalgen usw.). Nach dem Absterben der Organismen sinken die Schalenreste auf den Grund; so können sich mächtige Absätze von Kalkschlamm bilden, die durch Verfestigung zu Kalkstein werden. Aus den Korallenriffen werden oft massige Korallenkalke. Auch Dolomite sind im Meerwasser zur Abscheidung gelangt. Andere Organismen (Radiolarien, Diatomeen) besitzen Schalen und Skelette aus Kieselsubstanz und können so Anlaß geben zur Bildung von Kieselgesteinen (Hornstein, Feuerstein, Radiolarit). Durch gelegentliche Austrocknung von abgeschlossenen Meeresbecken kann der Salzgehalt des Meeres zur Abscheidung gelangen; so entstanden die Lager von Gips und Anhydrit und die Salzlagerstätten (Steinsalz, Kali- und Magnesiasalze). Große Salzlager entstanden in Mitteleuropa u.a. in der mittleren Triaszeit. – Auch an kalkhaltigen Quellen wird häufig Kalk abgeschieden, besonders um Pflanzenteile (Tuffstein oder Kalktuff, Kalksinter, Travertin).

Wo die Erosion zu gering ist, bleibt das von der Verwitterung bereitgestellte feste Trümmermaterial an Ort und Stelle zurück. Dann entstehen **Rückstandssedimente.** In tropischem Klima ist auch Kieselsäure löslich, so daß hauptsächlich Tonerde- und Eisenhydroxide im Rückstand angereichert werden (Bauxit, Laterit, Bohnerzton mit Bohnerz).

In Vulkangebieten treten zudem **vulkanische Sedimente** auf. Bei Vulkaneruptionen wird nicht nur Lava gefördert; es entstehen auch – durch Zerspratzung bereits erstarrter Lava im Vulkanschlot – feine Aschen und gröbere Bruchstücke (Lapilli, vulkanische Bomben; Bimssteine), die in der Umgebung des Vulkans abgelagert werden. In solcher Weise wurde 79 n. Chr. die Stadt Pompeij bei einem starken Ausbruch des Vesuvs von einer 4 m mächtigen Schicht von Asche und Lapilli eingedeckt. Durch Verfestigung entstehen aus den Aschen die vulkanischen Tuffe, aus den gröberen Bildungen die vulkanischen Breccien und Agglomerate.

Die Sedimente entstehen an der Erdoberfläche im Verwitterungsbereich und werden in Schichten abgelagert. Sie enthalten häufig Überreste tierischer und pflanzlicher Organismen (Versteinerungen oder Fossilien), aus denen auf das geologische Alter geschlossen werden kann.

Die häufigsten Minerale, die als Gemengteile in Sedimentgesteinen auftreten, sind: Quarz, Feldspäte, Glimmer und Tonminerale; Kalkspat und Dolomit; Steinsalz, Gips und Anhydrit.

3. Metamorphe Gesteine

Die einmal gebildeten Gesteine bleiben in den meisten Fällen, auch durch lange geologische Zeitperioden hindurch, als solche erhalten. Sie geben uns Kunde von den Ereignissen, denen sie ihre Entstehung verdanken, und von den Bedingungen, unter denen sie damals gebildet wurden. Tiefengesteine sind durch die Erosion an die Erdoberfläche gelangt. Ergußgesteine und Sedimente sind bisweilen an der Erdoberfläche verblieben, besonders wenn sie vor nicht allzu langer Zeit gebildet wurden; oder sie wurden von jüngeren Schichten überdeckt und sind dann später wieder freigelegt worden.

Doch es gibt auch Fälle, in denen die einmal gebildeten Gesteine im Laufe der Erdgeschichte zu völlig neuen Gesteinen umgebildet worden sind. Diese Umwandlung **(Gesteinsmetamorphose)** ist oft sehr intensiv und hat das Gestein so stark verändert, daß es oft schwierig ist, in seinem neuen Gewande das ursprüngliche Gestein wiederzuerkennen.

So werden bei der Entstehung größerer Faltengebirge die Gesteine von gebirgsbildenden Bewegungen erfaßt und verlagert. Sie werden dabei in ihrem Bestand unter Druck und erhöhter Temperatur umgeformt. Die spröderen Gesteinsgemengteile werden zunächst zertrümmert; Hand in Hand damit erfolgt aber bald eine Rekristallisation und eine Neubildung von Mineralen, besonders blättrigen (Glimmer, Chlorit, Talk) und stengeligen (Strahlstein, Hornblende). Weitere charakteristische Neubildungen sind Feldspat (besonders Albit), Disthen, Staurolith, Granat, Epidot usw. Es entstehen dabei vor allem schiefrige Gesteine **(kristalline Schiefer)** mit paralleler Anordnung der blättrigen und stengeligen Gemengteile. Je nach Druck und Temperatur, die bei der Metamorphose herrschten, können aus einem gegebenen Gestein sehr verschiedenartige neue Gesteine entstehen. Aus tonigen Gesteinen entwickeln sich so zunächst Tonschiefer, dann phyllitische Serizitschiefer, Glimmerschiefer und glimmerreiche Gneise. Sandsteine werden zu Quarziten; reine Kalke zu feinkörnigen oder grobkörnigen Marmoren. Aus unreinen Kalken entstehen Kalkphyllite, Kalkglimmerschiefer und Kalksilikatfelse. Mergelige Gesteine werden zu Chlorit- und Hornblendeschiefern und zu Amphiboliten. Metamorphe Gesteine von sedimentärem Urspung werden als Paragesteine bezeichnet. Auch Eruptivgesteine können von der Metamorphose umgebildet werden (Orthogesteine), meist zu Gneisen oder Amphiboliten. In tieferen Zonen größerer Faltengebirge kann älteres Gesteinsmaterial teilweise verflüssigt und mobilisiert werden und in Form von granitischen Lösungen nach oben steigen.

Kristalline Schiefer finden sich meist in regionaler Ausdehnung im Kern von großen Faltengebirgen, die durch tangentiale Dislokation (Zusammenschub) entstanden sind. Diese Art der Umwandlung wird daher als **Regionalmetamorphose** (etwa auch als Dislokationsmetamorphose) bezeichnet.

Eine andere Art Umwandlung **(Kontaktmetamorphose)** ist gebunden an den Rand von Eruptivmassen, die in höhere Zonen aufgedrungen sind. Die Sedimente des Nebengesteins, die bei der niedrigeren Temperatur der Erdoberfläche gebildet wurden, werden durch die von der Eruptivmasse abgegebene Wärme umgewandelt, manchmal auch durch Lösungen und Dämpfe, die vom Magma in das Nebengestein eindringen. Besonders Kalke werden sehr leicht in Marmore und Kalksilikatfelse umgewandelt. Sie reagieren auch leicht mit Lösungen und Dämpfen, die dem Magma entstammen; auf diese Weise werden manchmal wichtige Erzlager (besonders Eisenerze) gebildet (Kontakterzlagerstätten). Die weniger reaktionsfähigen Tone und Mergel werden zu meist feinkörnigen bis dichten Hornfelsen umgebildet. Typische Kontaktminerale sind Andalusit, Cordierit, Diopsid, Vesuvian, Wollastonit, Granat (Grossular, Andradit), Anorthit.

4. Minerallagerstätten

Die Zahl der Minerale, die in größeren Mengen in den Gesteinen als Gemengteile auftreten, ist beschränkt. Viel zahlreicher sind die Minerale, die durch spezielle Vorgänge in besonderen Lagerstätten angereichert worden sind. Zu ihnen gehören die meisten Erze, d. h. Minerale, aus denen Metalle gewonnen werden können. Aber auch Nichtmetalle (wie Schwefel, Phosphor, Kohlenstoff usw.) können in besonderen Lagerstätten angereichert sein.

Viele Lagerstätten stehen mit Eruptivgesteinen in Beziehung. Gewisse Eruptivgesteine enthalten schlierenartige Anreicherungen von Erzmineralen oder sind mit solchen imprägniert. Viel zahlreicher sind die Minerale, die aus magmatischen Lösungen und Dämpfen abgeschieden worden sind. Diese reichern sich nach der Verfestigung des Hauptgesteins in Restlösungen an, die insbesondere seltene Elemente und Schwermetalle enthalten und die infolge ihres Gehalts an leichtflüchtigen Bestandteilen sehr beweglich sind. Sie zirkulieren auf Spalten im Eruptivgestein, dringen aber auch ins Nebengestein ein und können über weite Distanzen wandern. Durch Abkühlung entstehen die gangförmigen Spaltenausfüllungen. Noch in der Eruptivmasse oder in ihrer unmittelbaren Umgebung bilden sich so die Pegmatite (S. 10, 48). Aus den wässerigen (sog. hydrothermalen) Lösungen, die über größere Distanzen gewandert sind, setzen sich bei etwas niedrigerer Temperatur vor allem Schwefel- und Arsenverbindungen von Schwermetallen auf sog. Erzgängen ab; sie werden meist von Nichterzen (wie Quarz, Kalkspat, Flußspat usw.) als sog. Gangarten begleitet.

In andern Fällen treten Gase und Dämpfe vom Magma ins Nebengestein und reagieren vor allem mit Karbongesteinen (Kalke, Dolomite), wobei Kohlensäure (CO_2) ausgetrieben wird und die Schwermetalle (besonders Eisen) durch chemische Umsetzungen festgehalten werden (sog. pneumatolytische Mineralbildung; Kontakterzlagerstätten, siehe S. 13). Auch in vielen andern Fällen werden durch ähnliche (sog. metasomatische) Verdrängungen Erzlager gebildet.

Manche Lagerstätten sind auch an die Entstehung der Sedimentgesteine geknüpft. So können sich Eisen, Mangan, Kupfer (ursprünglich wenigstens teilweise wohl magmatischer Herkunft) im Meerwasser anreichern und dann ausgefällt werden; ein Beispiel bildet der Eisenoolith des Fricktals (Aargau, Schweiz, S. 59/5). Minerale, die mechanisch und chemisch der Verwitterung widerstehen, können in Trümmersedimenten, besonders Sanden (sog. «Seifen»), angereichert werden; zu ihnen gehören besonders Gold, Zinnstein und die zahlreichen Edelsteine. Die Verwitterung in tropischem und subtropischem Klima führt zu einer Anreicherung von Tonerde und Eisen in den Verwitterungsrückständen (Bauxit, Laterit, Bohnerzton; S. 21/10–11, 25/7). Endlich gehört auch die Bildung der Salz-, Kohlen- und Erdöllager zum Bereich der Sedimentation.

Lagerstätten, die ihre Entstehung der Gesteinsmetamorphose verdanken, finden sich vor allem in den Kontakthöfen von Eruptivmassen und in mittleren und tieferen Zonen der großen Faltengebirge.

Bei älteren Erzlagerstätten findet oft nahe der Erdoberfläche im Verwitterungsbereich eine Oxydation, Karbonatisierung und Auflösung von Erzmineralen statt (Oxydationszone, sog. Eiserner Hut). Die nach der Tiefe sinkenden Lösungen führen im Bereich des Grundwassers zu einer Wiederausfällung des gelösten Materials und damit zu einer Anreicherung an manchen Erzen (Zementationszone). Erst unterhalb des Grundwasserspiegels folgt dann die Lagerstätte in ihrer urspünglichen Form (primäre Zone).

Die häufigsten Kristallformen (Tafel rechts)

Kubisches System: 1 Würfel, 2 Oktaeder, 3 Kombination von Würfel und Oktaeder, 4 Rhombendodekaeder, 5 Deltoidikositetraeder, 6 Kombination von 4 und 5, 7 Würfel mit Streifung, 8 und 9 Pentagondodekaeder, 10 Kombination von 7 und 8, 11 Tetraeder, 12 Kombination von 1 und 11.
Minerale: 1 Bleiglanz, Steinsalz, Fluorit, 2 Magnetit, 3 Bleiglanz, Fluorit, 4 Granat, 5 Leucit, Analcim, 6 Granat, 7–10 Pyrit, 11, 12 Zinkblende, Fahlerz.

Tetragonales System: 13 Zirkon, 14 Vesuvian, 15, 16 Kassiterit, 17, 18 Rutil.

Hexagonales und trigonales System: 19 Beryll, 20–23 Quarz (20, 21 Einzelkristalle, 22 Dauphiné-Zwilling, 23 Brasilianer Zwilling), 24 Turmalin, 25–28 Kalkspat (25 Rhomboeder, 26 Skalenoeder, 27 Kombination von 25 und 26, 28 Kombination von hex. Prisma und Rhomboeder), 29, 30 Hämatit (Eisenglanz; Kombinationen von hex. Bipyramide, Rhomboedern, Basispinakoid).

Orthorhombisches System: 31 Baryt, 32 Schwefel, 33, 34 Staurolith, 35, 36 Aragonit; (33, 35 Einzelkristalle, 34 Zwilling, 36 Drilling).

Monoklines System: 37, 38 Kalifeldspat (Orthoklas: 37 Einzelkristall, 38 Karlsbader Zwilling), 39 Kalifeldspat (Adular), 40 Augit, 41 Hornblende, 42 Titanit, 43, 44 Gips (43 Einzelkristall, 44 Zwilling).

Triklines System: 45, 46 Albit (45 Einzelkristall, 46 mehrfacher Zwilling), 47 Disthen, 48 Kupfervitriol.

Die mit a bezeichneten Figuren veranschaulichen den Querschnitt der entsprechenden Formen.

Die häufigsten Kristallformen

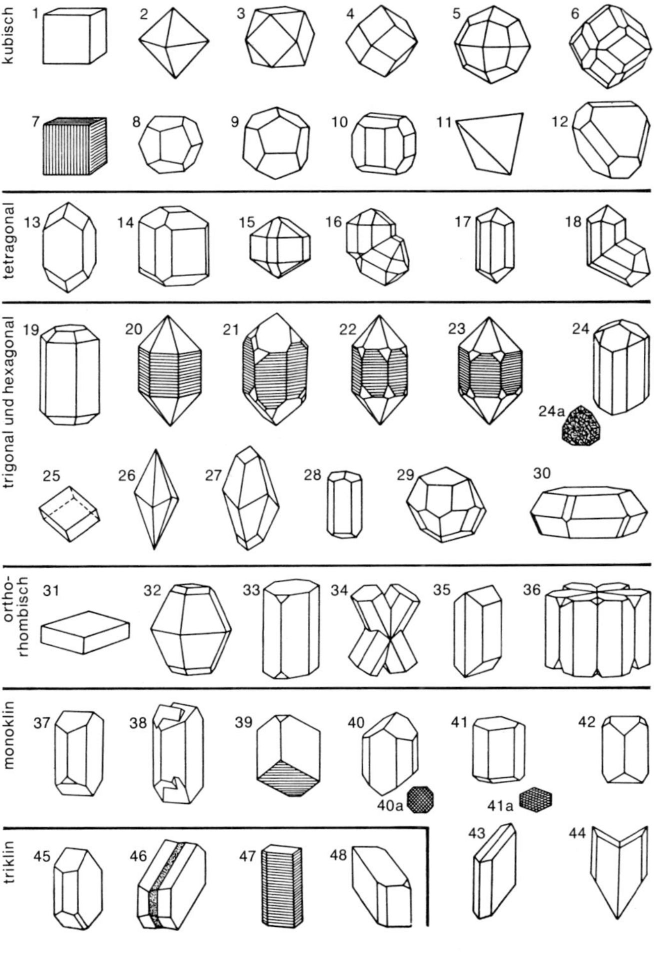

Minerale

1–2 **Schwefel.** S. Orthorhombisch. Oft in schönen Kristallen von bipyramidaler Ausbildung (S. 15/32); in körnigen und dichten Massen, auch erdig und als Anflug. H 1,5–2. G 2,1. Schwefelgelb bis gelbbraun. Spröde (Kristalle zerspringen leicht schon in der warmen Hand). Als Abscheidungen an Vulkanen und heißen Quellen. Größere Lagerstätten sind meist sedimentär und durch Reduktion aus Sulfaten (Gips, Anhydrit) entstanden. [1 Sizilien; 2 Bex, Wallis.]

3–4 **Diamant.** C. Kubische Kristalle. Oft mit gerundeten Kanten und Flächen; auch in einzelnen Körnern und dichten Massen. Härtestes Mineral (H 10). G 3,5. Farblos klar, auch leicht gefärbt; auch trübe, grau bis schwarz. Verbrennt im Sauerstoffgebläse zu CO_2. Edelstein! Primär als Gemengteil von olivinreichen Eruptivgesteinen (Kimberlit), die in vulkanischen Explosionsschloten aus großer Tiefe aufgedrungen sind. Sekundär in Sanden und Schottern (sog. Seifen). [3 Modell des Cullinan, des größten Diamanten der Welt, gefunden 1905 bei Pretoria, Südafrika; 4 Modell des Brillantschliffs.]

5–6 **Graphit.** C. Hexagonal. Meist in blättrigen bis schuppigen Aggregaten oder erdigen Massen. Metallglänzend, schwarz und sehr weich (H 1), auf Papier schwarz abfärbend. G 2,2. Strich schwarz. In Gesteinen, die durch Metamorphose kohliger Sedimente entstanden sind (Graphitgneise und -schiefer, siehe S. 63/7); untergeordnet auch in Eruptivgesteinen. [5 Ceylon; 6 Alp Pedriolo, Tirol.]

7–10 **Gediegen Gold.** Au. Kubisch. Kristalle selten. Meist in blechförmigen bis drahtartigen Gebilden oder in einzelnen Körnern, Blättchen und Schüppchen; auch in größeren Klumpen auf sekundärer Lagerstätte. Weich (H 2,5–3), geschmeidig und hämmerbar. Hohes spezifisches Gewicht (G 16–19). Goldgelb, mit gelbem Strich. Primär besonders auf Erzgängen (Goldquarzgänge), die an Eruptivgesteine gebunden sind, oder in vulkanischen Gesteinen eingesprengt. Durch Verwitterung in Schottern und Sanden («Seifen») angereichert; bisweilen in feiner Verteilung auch in Sandsteinen und Konglomeraten (Nagelfluh des Napfgebietes, Schweiz; Witwatersrand-Konglomerate, Südafrika). [7 mit Calcit, Calanda, Graubünden; 8 mit Quarz, Kalifornien; 9 Brad, Siebenbürgen; 10 Waschgold, aus Sanden des Napfgebiets, bei Trubschachen.]

11–12 **Gediegen Silber.** Ag. Kubisch. Bisweilen in gut ausgebildeten Kristallen; meist in drahtförmigen, gebogenen bis verschlungenen Aggregaten von silberweißer, gelblicher oder bräunlicher Farbe. H 2,5–3. G 9,5–12. In den oberen Zonen vieler Silbererzlagerstätten; meist sekundär aus sulfidischen Silbererzen hervorgegangen. [Mexiko.]

13 **Gediegen Kupfer.** Cu. Kubisch. Ähnlich wie Gold in blech-, draht-, moosförmigen und ästigen Gebilden. H 2,5–3. G 8,5–9. Kupferrot, oft matt und braun angelaufen. In der Oxydationszone von sulfidischen Kupfererzen. [Sibirien.]

14–16 Die **Rotgültigerze** sind wichtige Silbererze. Sie kristallisieren trigonal in stark glänzenden Kristallen von roter Farbe, kommen aber auch derb, eingesprengt und als Anflug vor. H 2–2,5. G 5,6–5,8. **Pyrargyrit** (dunkles Rotgültigerz) Ag_3SbS_3, dunkelrot bis eisenschwarz, mit kirschrotem Strich. [14–15 Mexiko.]; **Proustit** (lichtes Rotgültigerz) Ag_3AsS_3, scharlach- bis zinnoberrot, Strich ebenso (heller als bei Pyrargyrit). [16 Chile.]

2
1
6
5
7
8
13
10
9
3
4
11
14
15
16
12

Die Schwermetalle Blei, Zink, Kupfer, Nickel, Kobalt treten selten gediegen auf, sondern bilden in der Regel Verbindungen mit Schwefel oder Arsen (Sulfide, Arsenide, komplexe Sulfosalze). Man trifft sie auf Adern und Gängen (Erzgänge) und als Imprägnationen im Gestein. Erzbringer waren meist Lösungen von ursprünglich magmatischer Herkunft, die aber über beträchtliche Strecken gewandert sind.

1–2 **Bleiglanz** (Galenit). PbS. Kristallisiert kubisch, meist in Würfeln und Oktaedern (S. 15/1–3) [1]; Kristalle oberflächlich matt bleigrau. Tritt meist in derben bis körnigen Massen auf. Bleiglanz ist leicht zu erkennen durch seinen hohen Glanz (auf Spaltflächen), seine silberweiße Farbe, seine gute Spaltbarkeit (parallel zu den Würfelflächen [2]), seine geringe Härte (H 2,5) und sein hohes spezifisches Gewicht (G 7,2–7,6). Strich schwarz, glänzend Wichtigstes Bleierz, oft auch etwas silberführend. Kommt in der Regel mit Zinkblende, Pyrit und Kupferkies zusammen vor. [1 Ems a. d. Lahn; 2 Freiberg, Sachsen.]

3–6 **Zinkblende** (Sphalerit). ZnS. Kubisch. Die seltenen Kristalle zeigen dodekaedrische bis tetraedrische Ausbildung (S. 15/4, 11, 12). Meist tritt Zinkblende in körnigen bis dichten Aggregaten auf. H 4. G 4. Farbe ledergelb bis gelbbraun [4], bei reichlicher Beimengung von Eisen braun, dunkelbraun oder schwarz [3, 5, 6]. Strich braun bis farblos. Gute Spaltbarkeit. Wichtigstes Zinkerz. Kommt meist zusammen mit Bleiglanz vor. [3 Herja, Rumänien; 4 Picos, Spanien; 5 mit Pyrit, Rodna, Rumänien; 6 Baia Sprie, Rumänien.]

7 **Antimonit** (Antimonglanz). Sb_2S_3. Orthorhombisch. Prismatische, stengelige bis nadelige Kristalle, meist in strahligen Aggregaten. H 2. G 4,6. Bleigrau, mit starkem Metallglanz, oft matt anlaufend. Strich dunkelbleigrau. Wichtigstes Antimonerz. Auf Erzgängen, meist zusammen mit Blei- und Silbererzen. [Baia Sprie, Rumänien.]

8 **Molybdänit** (Molybdänglanz). MoS_2. Hexagonal. Bildet meist blättrige bis schuppige Aggregate von bleigrauer Farbe (mit einem Stich ins Violette). Starker Metallglanz. Strich dunkelgrau. H 1–1,5. G 4,7. Wichtigstes Molybdänerz. Ähnlich wie Graphit, aber etwas andere Farbe und höheres G! [Baltschiedertal, Wallis.]

9 Die wichtigen Kobalterze **Cobaltin** (Kobaltglanz, Glanzkobalt) CoAsS und **Smaltin** (Speiskobalt) $CoAs_2$ kristallisieren kubisch, haben H 5,5 und G 6,2–6,6 und sind von heller Farbe (Cobaltin rötlich silberweiß, Smaltin zinnweiß bis stahlgrau). Strich grauschwarz. Treten oft zusammen mit Nickelerzen auf. [Smaltin, Schladming, Steiermark.]

10–11 **Nickelin** (Rotnickelkies). NiAs. Hexagonal. Meist in derben Massen von hellkupferroter Farbe, oberflächlich oft grau und braun, matt. Strich braunschwarz. H 5,5. G 7,3–7,8. Wichtigstes Nickelerz, auf Erzgängen oft zusammen mit Kobalterzen. [10 Schneeberg, Sachsen; 11 Freiberg, Sachsen.]

12–13 **Chloanthit** (Weißnickelkies). $NiAs_2$. Kubisch. Zinnweiß, oft mattgrau anlaufend. Ähnlich dem Speiskobalt, mit dem er oft zusammen vorkommt. H 5,5. G 6,5. [12 Erzgebirge; 13 Randeck, Sachsen.]

1
3
5
4
12
2
6
7
13
8
11
10
9

1–2 **Zinnober** (Cinnabarit). HgS. Trigonal. Meist derb, in körnigen bis dichten Aggregaten, auch erdig und eingesprengt. H 2–2,5. G 8 (!). Scharlachrot bis dunkelrot. Strich rot (Unterschied gegenüber Realgar). Wichtigstes Erz für die Gewinnung von Quecksilber. [1 Wolfstein, Pfalz; 2 Sarawak, Borneo.]

3–5 Realgar und Auripigment finden sich auf vielen arsenhaltigen Erzlagerstätten, besonders in der Oxydations- und Verwitterungszone.

3–4 **Realgar.** AsS. Monoklin. Meist kleine Kristalle oder körnige bis dichte Aggregate, auch als Anflug. H 1,5–2. G 3,5. Rot, aber mit gelborangem Strich! Wandelt sich am Licht in Auripigment um. [3 Baia Sprie, Rumänien (oberflächlich teilweise in Auripigment umgewandelt); 4 im Dolomit, Binntal, Wallis.]

5 **Auripigment.** As_2S_3. Monoklin. Meist in derben Massen von zitronengelber Farbe. Strich gelb. H 1,5–2. G 3,5. [Zusammen mit Fahlerz und Realgar im Dolomit des Binntals, Wallis.]

6–7 Kobaltblüte und Nickelblüte sind wasserhaltige Arsen-Sauerstoff-Verbindungen von Kobalt und Nickel und finden sich vor allem in der Oxydations- und Verwitterungszone von Co- und Ni-Lagerstätten.

6 **Erythrin** (Kobaltblüte). $Co_3As_2O_8$ $8H_2O$. Monoklin. Erdig oder in strahligen bis blättrigen Aggregaten oder kugeligen bis nierigen Massen, auch als Anflug. H 2,5. G 3,1. Pfirsichrot, mit blaßrotem Strich. [Turtmanntal, Wallis.]

7 **Annabergit** (Nickelblüte). $Ni_3As_2O_8$ $8H_2O$. Monoklin. Erdig und als Anflug. H 2,5. G 3,1. Apfelgrün. [Val d'Anniviers, Wallis.]

8–9 Malachit und Azurit sind wasserhaltige Kupferkarbonate und finden sich häufig in der Oxydations- und Verwitterungszone von Kupferlagerstätten.

8 **Malachit.** $CuCO_3$ $Cu(OH)_2$. Stengelige bis nadelige Kristalle, strahlige bis faserige Aggregate, schalige bis glaskopfartige Massen. H 3,5–4. G 3,8. Smaragdgrün bis dunkelgrün. Strich heller grün. [Sibirien.]

9 **Azurit** (Kupferlasur). $2CuCo_3$ $Cu(OH)_2$. Monoklin. Tafelige und säulige Kristalle; nierige, traubige, dichte, erdige Massen. H 3,5–4. G 3,8 Lasurblau, Strich heller blau. [Chessy bei Lyon.]

10–11 **Bauxit.** Al_2O_3 nH_2O ist das wichtigste Aluminiumerz. Er bildet erdige Massen von weißer Farbe, ist aber durch Beimengung von Eisenoxiden oft braun bis rot gefärbt. Entsteht bei der Verwitterung toniger Gesteine oder als Verwitterungsrückstand von Kalken in tropischem und subtropischem Klima. [10 Bihor-Gebirge, Rumänien; 11 Trani, Apulien, Süditalien.]

1
8
6
2
7
9
10
3
4
5
11

1–4 **Pyrit** (Schwefelkies, Eisenkies). FeS_2. Kubisch. Oft in gut ausgebildeten Kristallen (S. 15/7–10), meist in Würfeln (oft mit Streifung parallel je **einer** Würfelkante) [1], auch in Oktaedern und Pentagondodekaedern [2], oft auch in Kombinationen mehrerer Formen; bisweilen Durchdringungszwillinge («Eisernes Kreuz»[3]). Häufig in derben Massen [4]. H 6. G 5. Metallglanz. Hell messinggelb («speisgelb»), häufig mit brauner Verwitterungsrinde (Umwandlung in Limonit [3]). Strich grünlichschwarz. Sehr verbreitet («Hans in allen Gassen»), häufigstes metallglänzendes Mineral von gelber Farbe. Tritt als Begleitmaterial auf fast allen Erzlagerstätten auf. Wichtigstes Schwefelerz. Wird oft fälschlich für Gold gehalten (Pyrit hat größere Härte und andere Farbe als Gold!). [1 Traversella, Italien; 2 Brosso, Italien; 4 Italien; Umschlagbild Elba.]

5–6 **Markasit** (Speerkies, Kammkies). FeS_2. Orthorhombisch. Kristalle zu hahnenkammartigen [5] oder speerförmigen Gebilden angeordnet. Auch in strahligen Aggregaten von kugeliger Form [6]. Ähnlich wie Pyrit. H 6. G 4,8. Strich grünlichgrau. Bei niedriger Temperatur nahe der Erdoberfläche ausgeschieden. [5 Ossegg bei Teplice, Böhmen; 6 Wallis.]

7 **Kupferkies** (Chalkopyrit). $CuFeS_2$. Tetragonal. Meist in dichten Aggregaten von muscheligem Bruch. H 3,5–4. G 4,2. Messinggelb bis goldgelb, mit einem Stich ins Grünliche; häufig mit bunten Anlauffarben. Strich grünlichschwarz. Wichtigstes Kupfererz, oft zusammen mit Blei- und Zinkerzen.

8 **Arsenkies** (Arsenopyrit, Mispickel). FeAsS. Orthorhombische Kristalle, meist in Gruppen und Drusen; körnige und kompakte Massen. H 6. G 5,9–6,2. Zinnweiß, bisweilen gelblich oder grau anlaufend. Strich schwarz. Arsengeruch bei Schlagen mit Stahl. Häufiges Gangmineral. [Reichenstein, Schlesien.]

9 **Magnetkies** (Pyrrhotin). FeS. Hexagonal. Meist in derben Massen. H 4. G 4,6. Bronzegelb («tombakbraun») auf frischem Bruch, oft braun und matt anlaufend. Strich grauschwarz. Leicht magnetisch. Bisweilen nickelhaltig und dann wichtiges Nickelerz. Auf Erzgängen sowie auf Anreicherungen in basischen Tiefengesteinen. [La Balma, Val Sesia, Italien.]

10 **Kupferglanz** (Chalkosin). Cu_2S. Hexagonal. In dicktafeligen bis kurzsäuligen Kristallen. Meist in derben Massen von muscheligem Bruch. H 3. G 5,7. Dunkelbleigrau, auf frischer Bruchfläche metallglänzend, an der Luft bald matt anlaufend. Strich schwarz, metallisch glänzend. Wichtiges Kupfererz. [Renecotti, Süd-Alaska.]

11–12 **Fahlerz** (Tetraedrit). Komplex zusammengesetzte Kupfer-Schwefel-Verbindung mit Antimon oder Arsen, oft eisen-, zink- oder silberhaltig. Kubische Kristalle von tetraedrischer Ausbildung (S. 15/11–12) [11]; körnige und dichte Massen [12]. H 3,5 (mit Messer gut ritzbar). G 4,4–5,4. Fahler Metallglanz. Stahlgrau bis eisenschwarz. Strich rotbraun bis grauschwarz. Auf Erzgängen wichtiges Kupfer- und Silbererz. [11 Capnic, Rumänien; 12 Freiberg, Sachsen.]

13 **Bornit** (Buntkupferkies). Cu_5FeS_4. Kubisch. Wichtiges Kupfererz, das meist derb mit bronzebrauner Farbe auftritt und oberflächlich rötlich, violett und blau anläuft. H 3. G 5. Strich grauschwarz. [Mexiko.]

14 **Covellin** (Kupferindig). CuS. Hexagonal. Gewöhnlich derb, in plattigen und blättrigen Bildungen sowie als Überzug und Anflug. Blauschwarz. H 2. G 4,7. Strich schwarz schimmernd. Findet sich besonders in der Oxydations- und Zementationszone von Kupfererzen. [Bor, Serbien.]

8
14
13
6
10
5
11
12
1
7
2
3
9
4

Diese Tafel enthält die wichtigsten Eisenerze.

1–2 **Magnetit** (Magneteisenstein). Fe_3O_4. Kristallisiert kubisch, meist in Oktaedern (S. 15/2, 47/2) [1]. Kristalle vorwiegend im Gestein eingewachsen. Gewöhnlich derb, in körnigen bis dichten Massen [2]. H 5,5. G 5,2. Muscheliger Bruch. Magnetisch. Eisenschwarz. Strich schwarz. Matt [1 Binntal, Wallis, mit Quarz; 2 Elba, oberflächlich in Limonit umgewandelt.]

3–6 **Hämatit** (Eisenglanz, Roteisenstein). Fe_2O_3. Trigonal (rhomboedrisch). In gut entwickelten, tafeligen bis pyramidalen Kristallen (S. 15/29–30) als Eisenglanz (Oligist) stahlgrau bis eisenschwarz, mit mattem Metallglanz [4], manchmal zu rosettenartigen Gebilden (Eisenrosen [6]) vereinigt; auch in stark glänzenden blättrigen und schuppigen Aggregaten (Eisenglimmer [5]). In dichten Massen von roter Farbe ohne Metallglanz als Roteisenstein [3]. Auch in kugeligen bis nierigen Gebilden (roter Glaskopf). H 5,5–6,5. G 4,9–5,3. Strich kirschrot bis rotbraun. Auf Kontakterzlagerstätten und Erzgängen; in schichtigen Ausscheidungen; auch auf alpinen Mineralklüften. [3 Gonzen; 4 Elba; 5 Slovinka, Zips-Gömörer Erzgebirge, Slowakei; 6 Oberwallis.]

7–9 **Limonit** (Brauneisenstein). Fe_2O_3 nH_2O. In feinkristallinen Aggregaten oder amorph. In knolligen Gebilden von brauner Farbe (Bohnerz [7]), in faserigen Aggregaten mit glänzend schwarzer Oberfläche (brauner Glaskopf [9]), in erdigen gelbbraunen Massen (Ocker [8]), in oolithischen Gesteinen (Eisenoolith S. 59/5). H 5–5,5. G 3,8–4,3. Gelbbraun, braun, dunkelbraun bis schwarz; Strich stets braun. Als Verwitterungsprodukt vieler Eisenerze sowie als Rückstandsbildung aus eisenreichen Sedimenten. Als Bohnerz im Schweizer Jura, als Eisenoolith im Aargau und in Lothringen. [7 Schweizer Jura; 8 Berner Oberland; 9 Vie dessus, Pyrenäen.]

10–11 **Siderit** (Eisenspat, Spateisenstein). $FeCO_3$. Trigonal (rhomboedrisch). Rhomboedrische Kristalle (S. 15/25), oft sattelförmig gekrümmt [11]. Meist in spätigen bis körnigen Aggregaten [10]. H 4–4,5. G 3,7–3,9. Hellgelb bis gelbbraun. Auf Erzgängen oder durch metasomatische Umwandlung von Kalken und Dolomiten; auch auf alpinen Mineralklüften. [10 Kaltenberg, Turtmanntal, Wallis; 11 Neudorf, Harz.]

11
3
10
4
5
6
9
2
1
7a
7
8

1 **Ilmenit** (Titaneisen). $FeTiO_3$. Trigonal (rhomboedrisch). Rhomboedrische und tafelige Kristalle, zuweilen zu Rosetten angeordnet. Auch in körnigen und dichten Aggregaten. H 5–6. G 4,5–5. Metallglänzend bis matt, eisenschwarz; Strich braunschwarz. Wichtiges Titanerz, oft als Anreicherungen in basischen Tiefengesteinen; auch auf alpinen Mineralklüften. [Val Blenio, Tessin.]

2 **Chromit** (Chromeisenstein). $FeCr_2O_4$. Kubisch. Meist in körnigen Aggregaten oder dichten Massen als Nester oder Klumpen in ultrabasischen Tiefengesteinen (Peridotite und Serpentine). H 5,5. G 4,5–4,8. Pechschwarz, halbmetallisch glänzend bis matt; Strich braun. Wichtigstes Chromerz. [Griechenland.]

3–7 **Korund.** Al_2O_3. Trigonal (rhomboedrisch), in prismatischen und bipyramidalen Kristallen. Auch in losen Körnern sowie körnigen bis dichten Massen. Sehr hart (H 9). G 3,7–3,9. Farblos, weiß, rot **(Rubin),** blau **(Saphir),** auch grau und braun. Edelstein. Wurde vorwiegend in tonerdereichen metamorphen Gesteinen gebildet, seltener in Pegmatiten. Auf sekundärer Lagerstätte in Schottern und Sanden («Seifen»). **Smirgel** ist ein feinkörniges Gemenge von Korund, Magnetit, Hämatit und Quarz, das als Schleifmittel dient. [3 Kaschmir; 4 Arendal, Norwegen; 5 und 6 Campolungo, Tessin; 7 Ceylon.]

8–9 **Spinell.** $MgAl_2O_4$. Kubisch, besonders in Oktaedern [8]. H 8. G 3,6. Meist rot, auch blau, grün, gelblich, bräunlich.

Pleonast ist ein schwarzer, eisenreicher Spinell. Als Kontaktmineral besonders in metamorphen Kalken und Dolomiten. Auf sekundärer Lagerstätte in Sanden («Seifen»). Edelstein.

10–12 **Rutil.** TiO_2. Tetragonal, in säuligen oder nadeligen Kristallen, oft in knieförmigen Zwillingen (S. 15/17–18 [10]). H 6–6,5. G 4,2. Dunkelrot, auch eisenschwarz. Strich braun. Als **Sagenit** in gitterförmig sich durchkreuzenden feinen Nadeln [12]. In Pegmatiten; auf alpinen Mineralklüften. [10 Steinenalp bei Berisal, Wallis; 11 Schwarzenstein, Tirol; 12 Rutil (Sagenit [braun]) zusammen mit Chlorit (grün) auf Quarz (weiß), Piz Prevot, Tessin.]

13 **Kassiterit** (Zinnstein). SnO_2. Tetragonal. In kurzsäuligen Kristallen, meist in visierartigen Zwillingen (S. 15/15–16 [13]). H 6–7. Hohes spezifisches Gewicht (G 6,8–7,1). Rotbraun bis braunschwarz. Strich ledergelb bis weiß. Wichtigstes Zinnerz. In Pegmatiten und ähnlichen Lagerstätten, die an saure Tiefengesteine gebunden sind. [Böhmen.]

14–16 Als wichtige Manganerze, die sich in der Oxydationszone von manganreichen Lagerstätten bilden, seien genannt:

14 **Pyrolusit.** MnO_2. Bildet strahlige bis faserige Aggregate von stahlgrauer bis eisenschwarzer Farbe und Halbmetallglanz. Auf Papier abfärbend. Strich schwarz. G 4,7–5, Härte gering. [Ilmenau, Thüringen.]

15 **Psilomelan** (schwarzer Glaskopf). MnO_2. Bildet schalige, nierige, stalaktitische Massen von faseriger Struktur meist beträchtlicher Härte (H 5–6) und schwarzer Farbe. Strich schwarz. G 4,1–4,9. [Eiserfeld, Siegen.]

16 Erdige, lockere, weiche Massen von schwarzer Farbe, die ebenfalls wesentlich aus MnO_2 bestehen, werden als **Wad** bezeichnet. Sie finden sich vorzugsweise im Eisernen Hut. [Bollerbach, Harz.]

4
5
2
6
7
12
13
3
9
8
10
11
16
15
14
1

1–14 **Quarz.** SiO_2. Hexagonal (über 575°C) und trigonal (bei niedrigerer Temperatur). Unter allen Mineralen, die in wohlausgebildeten Kristallen in der Natur auftreten, ist der Quarz wohl das bekannteste und verbreitetste. Er findet sich aufgewachsen auf Klüften oder in Drusen und Höhlen, vorab in kristallinen Gesteinen (alpine Mineralklüfte). Die sechsseitigen prismatischen Kristalle besitzen eine meist sechsflächige pyramidenartige Endigung (Kombination von zwei Rhomboedern) (S. 15/20 [3]); manchmal ist das eine Rhomboeder stärker, das andere nur schwach entwickelt (S. 15/21 [6]). Oft zeigen die Prismenflächen eine horizontale Streifung [1]. Seitlich oberhalb von den Prismenflächen (rechts beim Rechts-Quarz, links beim Links-Quarz) sind manchmal trapezförmige Flächen vorhanden (Trapezoeder, S. 15/21 [5]); über ihnen treten bisweilen kleine, rhombenförmige Flächen auf (trig. Bipyramide, S. 15/21). Oft sind die scheinbar einheitlichen Kristalle Zwillinge, die auf vollständiger Durchdringung von zwei Einzelindividuen beruhen: Beim Dauphiné-Gesetz ist ein Rechts-Quarz mit einem heitlichen Kristalle Zwillinge, die auf vollständiger Durchdringung von zwei Einzelindividuen beruhen: Beim Dauphiné-Gesetz ist ein Rechts-Quarz mit einem Rechts-Quarz (S. 15/22 [4]) (oder ein Links-Quarz mit einem Links-Quarz) so verwachsen, daß das eine Individuum gegen das andere um 60° um die Hauptachse gedreht erscheint; die Trapezoederfläche tritt dann in Abständen von je 60° (über jeder Prismenfläche) auf. Beim Brasilianer Gesetz ist ein Rechts-Quarz mit einem Links-Quarz verwachsen (S. 15/23). Die Quarzkristalle zeigen in ihrer Ausbildung eine große Mannigfaltigkeit. Auch viele Farbvarietäten lassen sich unterscheiden, so der farblose wasserklare **Bergkristall** [1], der graubraune durchsichtige **Rauchquarz** [6], der braunschwarze undurchsichtige **Morion** [5], der gelbliche **Citrin,** der violette **Amethyst** [7], der rote **Eisenkiesel** [8], der rosafarbene **Rosenquarz** [14] usw.

Noch viel häufiger tritt Quarz in der Natur ohne äußere Kristallform auf. Er ist ein Hauptgemengteil im Granit (S. 49/1–3) und in vielen kristallinen Schiefern (Gneise, Glimmerschiefer usw.). Aus Quarz bestehen die Sandkörnchen im Sand und in Sandsteinen, die Kieselsteine [13] in den Schottern und Konglomeraten. Auch bildet er häufig unregelmäßige Linsen und Adern im Gestein und ist als Gangart auf Erzgängen verbreitet.

Quarz ist in der Regel farblos, weiß oder grau. Er besitzt keine Spaltbarkeit und zeigt muscheligen Bruch und fettigen Glanz auf den Bruchflächen. Er ist hart (H 7) und schlägt mit Stahl Funken (daher seine frühere Verwendung zum Feuerschlagen). G 2,65. Er ist sehr widerstandsfähig gegen mechanische und chemische Einflüsse und bleibt daher bei Verwitterung und Abtragung weitgehend erhalten.

[3 Westfalen; 8 Santiago di Compostela, Spanien; 14 Freiberg, Sachsen; die meisten übrigen Stücke stammen aus den Alpen.]

9
10
2
1
5
4
3
6
7
8
12
13
14
11

1–2 **Opal.** SiO_2 nH_2O. Amorph. Wasserhaltige Kieselsäuresubstanz, die sich in amorpher (d.h. nichtkristallisierter) Form in gallertartigen Massen abgeschieden hat. Opal entsteht bei der Zersetzung SiO_2-haltiger Gesteinsgemengteile und wird vor allem an heißen Quellen abgeschieden; er bildet auch die Kieselskelette von Tieren (Radiolarien) und Pflanzen (Diatomeen). Opal tritt meist in rundlichen, nierigen bis traubigen Massen auf. Er ist durchsichtig bis undurchsichtig; farblos, gelblich oder sehr verschieden gefärbt. Bunte Varietäten mit lebhaftem Farbenspiel finden als Edelsteine (Edelopal) Verwendung. H 5,5–6,5. G 2,1–2,2. [1 Gemeiner Opal, Italien; 2 Edelopal, Queensland.]

3–7 **Chalcedon.** SiO_2. Als Chalcedon bezeichnet man äußerst feinfaserige Aggregate von Quarz, die ursprünglich in gallertartig amorpher Form (Opal) zur Abscheidung gelangten und später zu Quarz umgelagert wurden. Chalcedon zeigt meist rundliche, nierige bis traubige, auch stalaktitische Formen. Er besitzt große Härte (H 7, wie Quarz) und splittrigen bis muscheligen Bruch sowie wachsartigen bis fettigen Glanz. Er ist durchscheinend bis undurchsichtig; farblos, weiß, grau oder durch färbende Substanzen gelb, grün rot, braun oder schwarz gefärbt. [3 Uruguay, 4 Rumänien.]
Undurchsichtiger Chalcedon wird als **Jaspis** bezeichnet. Zu ihm gehört der dichte **Feuerstein (Flint, Silex),** der in manchen Jura- und Kreidekalken unregelmäßige Knollen bildet; diese stellen Anreicherungen der im Meerwasser zur Abscheidung gelangten Kieselsäuresubstanz dar; diese ist meist durch Auflösung von Kieselskeletten von Organismen entstanden (Kieselschwämme). Der graue, oft auch gelbliche, rötliche oder braune Feuerstein bildete ein willkommenes Material zur Herstellung von prähistorischen Steinwerkzeugen (Faustkeile usw.). [5 Feuerstein, Kent, England; 6 Pfeilspitze aus Silex, Mexiko; 7 Bandjaspis, Liel, Baden.]

8–9 Eine besondere Varietät des Chalcedons ist der **Achat** mit seinen wechselnden Lagen von verschiedener Farbe. Er verdankt seine Entstehung dem Eindringen färbender Substanzen, die durch rhythmische Fällungen in verschiedenen, besonders geeigneten Lagen fixiert wurden. [8 Oberstein, Pfalz, angeschliffen; ebenso 9.]
Die auffallend und schön gefärbten Varietäten von Chalcedon und Achat finden als Schmucksteine mannigfaltige Verwendung.

4
5
1
6
8
2
9
3
7

1–5 **Kalkspat** (Calcit). $CaCO_3$. Trigonal (rhomboedrisch). Wohlausgebildete Kristalle von großem Formenreichtum finden sich auf Adern und Klüften und in Drusen. Wichtigste Formen sind Rhomboeder (S. 15/25), Skalenoeder (S. 15/26–27 [1]) und hexagonales Prisma (S. 15/28). Kalkspat tritt auch in körnigen, spätigen, strahligen, faserigen und dichten Aggregaten auf. Er besitzt gute Spaltbarkeit nach den Flächen des Rhomboeders [3]. H 3 (läßt sich leicht mit dem Messer ritzen). Wird schon von kalter verdünnter Salzsäure unter lebhaftem Brausen (Entweichen von Kohlensäure CO_2) zersetzt. G 2,6–2,8. Glasglänzend oder matt; farblos, weiß oder durch Beimengungen gelblich, rötlich, bräunlich gefärbt. Farbloser durchsichtiger Kalkspat zeigt sehr ausgeprägt die Eigenschaft der Doppelbrechung [4].
Sehr verbreitet auf Adern und Klüften in Sedimentgesteinen. Hauptgemengteil der feinkörnigen und dichten Kalke (S. 59/1–3), die im Meer- oder Süßwasser – häufig unter Mitwirkung von Organismen (Kalkschalen) – zur Ausscheidung gelangten. Durch Metamorphose bildeten sich aus ihnen die grob- bis feinkörnigen Kalkmarmore (Carrara, S. 63/4). Auch an Quellen, die kalkreiches Wasser führen, wird Kalkspat als Kalktuff abgeschieden; in ähnlicher Weise entstehen die tropfsteinartigen Gebilde (Stalaktiten und Stalagmiten) in Höhlen [5]. Kalkspat ist auch häufig auf alpinen Mineralklüften [1] und als Gangart auf Erzgängen. [1 Vals, Graubünden; 2 Lancashire, England (Kombination von steilem Skalenoeder und endständigem Rhomboeder); 3 und 4 Spaltrhomboeder.]

Ähnlich wie Kalkspat kristallisieren die übrigen rhomboedrischen Karbonate Dolomit, Magnesit, Siderit (S. 24).

6–7 **Dolomit** (Dolomitspat). $CaCO_3$ $MgCO_3$. Trigonal (rhomboedrisch). Kristalle meist in einfachen Rhomboedern, meist mit sattelförmig gekrümmten Flächen [6]. Farblos bis weiß. H 3,5–4. G 2,9. Braust nur bei Behandlung mit warmer verdünnter Salzsäure. Hauptbestandteil der dolomitischen Kalke und Dolomite (verbreitet in den Sedimenten der alpinen Trias) und den aus ihnen durch Metamorphose entstandenen Dolomitmarmoren (Binntal, Wallis; Campolungo, Tessin) (s. S. 21/4–5, 27/5–6, 43/4). [6 Simplontunnel; 7 Binntal, Wallis.]

8 **Magnesit.** $MgCO_3$. Trigonal (rhomboedrisch). Kristalle in einfachen Rhomboedern. Findet sich meist in körnigen, spätigen, dichten Aggregaten oder in knolligen Massen. Weiß. H 4–4,5. G 3. Braust bei Behandlung mit warmer verdünnter Salzsäure. [Gelartiger Magnesit, entstanden als Verwitterungsprodukt von Mg-Fe-Silikatgesteinen, Baldissero bei Turin.]

9–11 **Aragonit.** $CaCO_3$. Orthorhombisch. Bildet prismatische Kristalle, die infolge mehrfacher Zwillingsbildung scheinbar hexagonale Symmetrie aufweisen (S. 15/35–36 [9]. H 3,5–4. G 2,9). Farblos oder weiß. Braust mit kalter verdünnter Salzsäure. Auch in strahligen, faserigen, ästigen, schaligen Aggregaten und in Sinterkrusten. Bildet sich oft als Absatz an heißen Quellen und wandelt sich mit der Zeit in Kalkspat um. [9 Pyrenäen; 10 Manno, Tessin (angeschliffen); 11 Eisenerz, Steiermark.]

4
1
3
2
5
6
11
7
9
8
10

1 **Baryt** (Schwerspat). $BaSO_4$. Orthorhombisch. In tafeligen (S. 15/31) und säuligen Kristallen sowie in körnigen, blättrigen oder dichten Aggregaten. Ist durch geringe Härte (H 3–3,5) und relativ hohes spezifisches Gewicht (G 4,5) leicht erkennbar. Gute Spaltbarkeit. Weiß. Baryt ist ein Absatz warmer wässeriger Lösungen und tritt besonders auf Gängen, auch Erzgängen, auf. [Marienberg, Sachsen.]

2 **Anhydrit.** $CaSO_4$. Orthorhombisch. In tafeligen oder säuligen Kristallen und besonders in körnigen Aggregaten von weißer, rötlicher oder bläulicher Farbe. H 3–4. G 2,9. Gut spaltbar nach drei aufeinander senkrechten Richtungen. Zusammen mit Steinsalz in lagunären Bildungen (S. 11). Geht durch Wasseraufnahme in Gips über (beträchtliche Volumenvergrößerung!). Auch auf alpinen Mineralklüften. [Simplontunnel.]

3–5 **Gips.** $CaSO_4$ $2H_2O$. Monoklin. Dicktafelige Kristalle [3a von oben, 3b von der Seite], zuweilen auch Zwillingsbildungen mit einspringenden Winkeln (S. 15/43–44). Tritt meist in körnigen, faserigen [4] oder dichten Aggregaten auf (S. 59/7). Reiner, dichter Gips wird als **Alabaster** [5] bezeichnet. Im Unterschied zu Glimmer ist Gips spröde, läßt sich aber mit dem Fingernagel ritzen (H 2). G 2,3. Gute Spaltbarkeit mit Perlmutterglanz. Farblos, weiß, grau, rötlich. Findet sich zusammen mit Steinsalz in lagunären Bildungen; ist teilweise aus Anhydrit durch Wasseraufnahme entstanden. Auch auf Erzgängen durch Zersetzung sulfidischer Erze. [3 Wiesloch bei Heidelberg (in Septarienton); 4 und 5 Oberehrendingen, Aargau.]

6 **Steinsalz** (Halit). NaCl. Kubisch. Kristallisiert in würfelförmigen Kristallen (S. 15/1; [6]). Gute Spaltbarkeit parallel den Würfelflächen (S. 59/8). Tritt meist in körnigen und dichten Massen auf. Leicht kenntlich durch seine geringe Härte (H 2), seine leichte Löslichkeit und seinen salzigen Geschmack. G 2,1–2,2. Farblos, weiß, oft rötlich, gelb, grau, blau. Hauptbestandteil der Salzlager (S. 11). Dient zur Herstellung von Kochsalz und zur Sodafabrikation. [Bex, Waadt.]

7–11 **Flußspat** (Fluorit). CaF_2. Kubisch. Kristallisiert meist in Würfeln [8–10] oder Oktaedern (S. 15/1–3). Gute Spaltbarkeit parallel den Flächen des Oktaeders [11]. Auch in körnigen und dichten Aggregaten. H 4. G 3,2. Violett, grün, blau, rosa, gelbbraun; selten farblos. Tritt auf alpinen Mineralklüften und auf Erzgängen auf, ferner in Drusen im Granit, seltener in Kalken. [7 Stäupiloch bei Göschenen, Uri; 8 Bergheim, Baden; 9 Weardale, England; 10 Dürrschrennenhöhle, Säntis; 11 Oltschikopf, Berner Oberland (Spaltstück).]

12–13 **Apatit.** Chlor- oder fluorhaltiges Calciumphosphat. Hexagonal. In prismatischen Kristallen von säuliger [12, 13] bis dicktafeliger Ausbildung. H 5. G 3,2. Keine Spaltbarkeit. Glasglanz auf Kristallflächen. Fettglanz auf Bruch. Farblos, weiß, gelbgrün, blaugrün, violett, braun. In Pegmatiten, besonders mit Zinnerz. Tritt in geringen Mengen in fast allen Eruptivgesteinen und vielen kristallinen Schiefern auf. Gut ausgebildete Kristalle auf alpinen Mineralklüften. [12 Mexiko; 13 Graubünden.]

14 Als **Phosphorit** bezeichnet man strahlige, faserige oder dichte Aggregate, die in kugeligen, nierigen, knolligen, erdigen Massen von meist brauner oder grauer Farbe auftreten und durch Umlagerung von organischer Substanz (Knochen usw.) in Sedimenten entstanden sind. G 2,2–3,2. Phosphorit ist eine Varietät von Apatit. [14 Schweizer Jura (im Rhät).]

5
1
4
3a
3b
2
6
7
8
11
10
13
12
14
9

1–11 Die **Feldspäte** besitzen helle Farbe (farblos, weiß, rötlich, grau, grünlich bis grün), gute Spaltbarkeit nach zwei verschiedenen Richtungen (seitliches Pinakoid und Basispinakoid), relativ große Härte (H 6, im Unterschied zu Kalkspat mit dem Messer nicht ritzbar!) und geringes spezifisches Gewicht (2,5–2,8). Es sind wasserfreie Silikate von Al mit K, Na und Ca. Sie sind monoklin oder triklin und treten in ähnlichen Formen auf (S. 15/37–39, 45–46). Trotz ihres nicht sehr auffälligen Aussehens sind es die verbreitetsten Bestandteile der Gesteine und machen etwa 60 % der festen Erdkruste aus; sie sind Hauptgemengteile fast aller Eruptivgesteine und vieler kristalliner Schiefer. Sie sind meist ohne Eigengestalt im Gestein eingewachsen (abgesehen von den einsprenglingsartigen Feldspäten in Graniten und Ergußgesteinen). Doch treten sie in gut ausgebildeten Kristallen (Adular, Albit, Periklin) auf alpinen Mineralklüften auf. Nach Zusammensetzung und Ausbildung lassen sich folgende wichtigere Arten unterscheiden:

1–8 **Kalifeldspat.** $KAlSi_3O_8$. (K beschränkt durch Na ersetzbar.) Wichtigste Art ist der monokline **Orthoklas,** bei dem die beiden Spaltbarkeiten aufeinander senkrecht stehen (Name! S. 15/37). Er ist weiß oder meist rötlich und bildet oft größere breitprismatische Kristalle in Graniten (S. 49/3) und Syeniten wie auch die gerundeten großen «Augen» der meisten Augengneise (S. 61/3). Oft zeigt er eine zwillingsartige Durchwachsung von zwei Individuen (Karlsbader Gesetz, S. 15/38 [2, 3, 6]), wobei die entsprechenden Basisspaltflächen der verschiedenen Individuen unterschiedliche Lage einnehmen (am «Spiegeln» leicht zu erkennen). Auch andere Zwillingsgesetze sind bekannt (z. B. Bavenogesetz [4]). – Der trikline **Mikroklin** ist von bloßem Auge vom Orthoklas meist nicht zu unterscheiden. Als grüner Amazonit (selten) kommt er als Schmuckstein zur Verwendung. – In Ergußgesteinen (Trachyte [S. 55/1], Phonolithe) tritt der farblose oder graue **Sanidin** [6] mit glasigem Aussehen auf. – Auf alpinen Mineralklüften findet sich der farblose oder weiße **Adular** in rhomboedrischer Tracht (ohne seitliches Pinakoid, S. 15/39 [7–8]), oft von Chlorit überzogen. [1–5 Orthoklas: 1 Baveno, 2 Böhmen, 3 Karlsbad (Karlovy Vary), Böhmen; 4–5 Baveno (mit Quarz in Druse im Granit); 6 Sanidin, Viterbo (Italien); 7–8 Adular: 7 Gotthard, 8 Maderanertal, Uri.]

9–11 Die **Plagioklase** sind Kalknatronfeldspäte, d. h. Mischungen zwischen reinem Albit $NaAlSi_3O_8$ und reinem Anorthit $CaAl_2Si_2O_8$. Die Zwischenglieder (mit zunehmendem Kalkgehalt) heißen Oligoklas, Andesin, Labrador, Bytownit. Die Plagioklase sind triklin, zeigen aber ähnliche Formen wie Orthoklas (S. 15/45). Der Winkel zwischen den beiden Spaltbarkeiten weicht um 3–4° von 90° ab (Name!). Die Plagioklase zeigen bisweilen eine deutliche Zwillingsstreifung auf den Spaltflächen, im Unterschied zu Orthoklas! S. 15/46 [10]. Sie sind meist rein weiß oder grau bis grünlich bei beginnender Zersetzung (S. 51/3–4). Saussurit heißt ein Plagioklas, der in feinstkörnige Aggregate von Klinozoisit und andern Mineralen umgewandelt ist. Die Plagioklase kommen in den meisten Eruptivgesteinen und vielen kristallinen Schiefern vor. Auf alpinen Mineralklüften tritt der milchigweiße oder hellgraue Albit [9] entweder im breitsäuligen Albittypus oder im dicktafeligen Periklintypus auf. [9 Albit, Ofenhorn, Wallis; 10 Oligoklas, Spaltstück mit Zwillingsstreifung, Ytterby, Schweden; 11 Labrador, mit blauem Schimmer, Küste Labrador.]

10
9
11
3
8
4
1
6
2
5
7

1–4 **Feldspatvertreter** (Feldspatoide oder Foide) treten in einer besonderen Gesteinsgruppe, den sog. Alkaligesteinen, auf. Sie kommen zusammen mit Feldspäten oder anstelle von Feldspäten vor, aber stets in Abwesenheit von Quarz. Sie haben – abgesehen vom wesentlich geringeren Gehalt an SiO_2 – ähnliche Zusammensetzung wie die Feldspäte. An Feldspatvertretern seien genannt:

1–2 **Leucit.** $KAlSi_2O_6$. Kubisch. Tritt in gut ausgebildeten Kristallen in der Form des Deltoidikositetraeders (S. 15/5) oder in rundlichen Körnern auf. Weiß oder hellgrau, meist matt. H 5,5–6. G 2,5. Bildet oft Einsprenglinge in kalireichen Ergußgesteinen (Phonolithe, Tephrite, Basanite, Leucitite), z. B. in der Umgebung von Rom (Albaner Gebirge) und Neapel (Vesuv). [1 Einzelkristall, Vesuv; 2 Einsprenglinge im Leucitit, Vesuv.]

3 **Nephelin** (Eläolith). $NaAlSiO_4$. Hexagonal. In kurzsäuligen Prismen oder unregelmäßigen Körnern. Schlechte Spaltbarkeit, muscheliger Bruch und Fettglanz (leicht mit Quarz zu verwechseln, aber viel seltener als dieser). H 5,5–6. G 2,6. Weiß, grau; wenn umgewandelt, grünlich oder rötlich. Typischer Gemengteil vieler Alkaligesteine (Nephelinsyenite, Phonolithe). [Nephelin (grau) mit Feldspat (weiß) und Biotit (schwarz) in Nephelinsyenit, Ditro, Rumänien.]

4 **Sodalith.** $3NaAlSiO_4 \cdot NaCl$. Kubisch. Bildet intensiv blaue Körner und Adern in nephelin- oder leucitführenden Alkaligesteinen (Nephelinsyenite, Phonolithe usw.). H 5–6. G 2,3. [Ditro, Rumänien.] Verwandt sind **Nosean** und **Hauyn,** ebenfalls blau, mit etwas verschiedener Zusammensetzung, aber ähnlichem Vorkommen.

5–10 **Zeolithe** sind feldspatartige wasserhaltige Silikate meist von Al mit Ca und Na. Das Wasser ist relativ locker gebunden und entweicht beim Erhitzen unter Schäumen. Daher der Name dieser Mineralgruppe (zeo = ich koche, lithos = Stein). Die Zeolithe sind meist farblos, weiß, auch grau oder rötlich, und besitzen geringes spez. Gewicht (um 2,2). Sie sind in der Regel hydrothermale Bildungen niedriger Temperatur und finden sich vor allem in Mandeln und Drusen, auf Klüften und Adern in alkalireichen oder basischen Ergußgesteinen, auch auf Erzgängen und Mineralklüften. Von den zahlreichen Arten erwähnen wir:

5 **Analcim.** $NaAlSi_2O_6 \cdot H_2O$. Kubisch. Bildet ähnliche Kristalle wie Leucit (S. 15/5) und ist leicht mit ihm zu verwechseln. H 5,5. G 2,3. Weiß oder rötlich. In Drusen und auf Klüften in basischen Ergußgesteinen. [Seiser Alm, Südtirol.]

6–7 **Natrolith.** $Na_2Al_2Si_3O_{10} \cdot 2H_2O$. Orthorhombisch. Bildet säulige oder nadelige Kristalle und strahlige bis faserige Aggregate. H 5–5,5. G 2,2–2,5. In Drusen und auf Klüften und Adern im Phonolith [Hohentwiel, 6 (innen gelb, gegen außen rötlich, dann weiß), 7 (angeschliffen), siehe auch S. 55/2] und in basischen Ergußgesteinen.

8–9 **Desmin** (Stilbit). $CaAl_2Si_7O_{18} \cdot 7H_2O$. Monoklin. Bildet meist garbenförmige Bündel (Name!). H 3,5–4. G 2,1–2,2. Farblos, weiß. In Drusen in Basalten und Graniten. [8 Island; 9 im Leucitbasanit des Vesuvs.]

10 **Chabasit** (Würfelzeolith). $CaAl_2Si_4O_{12} \cdot 6H_2O$. Trigonal (rhomboedrisch). In würfelähnlichen Kristallen (Rhomboeder). H 4,5. G 2,1. Farblos, weiß oder rötlich. Besonders auf Hohlräumen in basischen Ergußgesteinen (Basalt, Diabas, Melaphyr, Phonolith), auch auf Erzgängen [Druse im Phonolith, Aussig, Böhmen.]

2
3
8
1
4
10
5
9
6
7

Die Minerale dieser Tafel treten vorwiegend als dunkle Gemengteile in Gesteinen auf. Die Mineralgruppen, denen sie angehören, zeichnen sich durch große Mannigfaltigkeit aus, sowohl nach der chemischen Zusammensetzung wie auch nach Farbe, Ausbildung und Beschaffenheit ihrer Glieder.

1–2 Die **Glimmer** sind blättrig ausgebildet. Vorzügliche Spaltbarkeit mit Perlmutterglanz, elastisch biegsam; größere Kristalle leicht schon von Hand nach den Spaltflächen zerlegbar, H 2,5 (nicht mit Fingernagel ritzbar!). G 2,8–3,4. Kristalle (monoklin, pseudohexagonal) selten; die Glimmer sind meist in einzelnen Blättchen im Gestein eingewachsen oder bilden schuppige Aggregate.

1 **Muskovit** (heller Glimmer, Kaliglimmer). Wasserhaltiges K-Al-Silikat. Farblos, weiß; silberglänzend. Wird bisweilen verwechselt mit Gips (spröde, mit Fingernagel ritzbar) oder Talk (viel weicher, fettig anzufühlen). Grobblättrig in Pegmatiten (S. 49/4). Gemengteil vieler kristalliner Schiefer (Gneise, Glimmerschiefer). **Serizit** (S. 46) ist eine feinschuppige Abart und tritt vorwiegend in kristallinen Schiefern höherer Zonen auf. [Bellinzona, Tessin.]

2 **Biotit** (dunkler Glimmer, Magnesiaglimmer). Wasserhaltiges K-Al-Mg-Fe-Silikat von komplexer Zusammensetzung. Dunkelbraun bis schwarz; verwittert goldgelb (Katzengold). Häufiger Gemengteil vieler Eruptivgesteine (z. B. Granit) und kristalliner Schiefer (Gneise, Glimmerschiefer). [Bellinzona, Tessin.]

3–4 Die Minerale der **Amphibol**-Gruppe sind wasserhaltige Mg-Fe-Silikate von komplexer Zusammensetzung, oft auch mit Ca, Al, Na.

3–4 **Hornblende** (monoklin). Wichtigste Art dieser Gruppe. Prismatische Kristalle von sechsseitigem Umriß (S. 15/41) [3a Kristalle von vorne, 3b von oben, im Querschnitt]. Prismatische Spaltbarkeit mit Winkel von etwa 120° zwischen den Spaltflächen. H 5–6. G 2,9–3,4. Dunkelgrün bis schwarz, oft mit starkem Glanz auf den Spaltflächen. Strich graugrün. Verbreitet besonders in Tiefengesteinen (Syenite, Diorite) und kristallinen Schiefern (Amphibolite). [3 Böhmen; 4 Garbenschiefer, Zillertal, Tirol.] – Zur Amphibol-Gruppe gehören ferner: **Smaragdit** (S. 51/4), **Tremolit** und **Aktinolith** (S. 46).

5–9 Den Amphibolen sind in vielem ähnlich die Minerale der **Pyroxen**-Gruppe. Dies sind wasserfreie Mg-Fe-Silikate, oft mit Ca, Al, Na.

5–6 **Augit** (monoklin) ist der häufigste Pyroxen. Prismatische Kristalle, aber von achteckigem Querschnitt (S. 15/40) [5a Kristalle von vorn, 5b von oben (Querschnitt), 5c Zwillinge.] Prismatische Spaltbarkeit mit Winkel von etwa 90° zwischen den Spaltflächen. H 5–6. G 3,2–3,6. Grünschwarz, braunschwarz, schwarz; meistens matt. Strich graugrün. Wichtigster dunkler Gemengteil in basischen Ergußgesteinen. [5 Stromboli; 6 Schweden.] Verwandt: **Diopsid** $CaMgSi_2O_6$ (S. 44).

7 Der bräunliche oder grünlichgraue, oft metallisch schimmernde **Diallag** (monoklin), meist mit blättriger Absonderung, ist ein häufiger Gemengteil in Gabbro-Gesteinen (S. 51/3). H 5–6. [Diallag, in Gabbro, Le Prese, Veltlin.]

8–9 Die orthorhombischen Pyroxene **Enstatit** ($Mg_2Si_2O_6$), **Bronzit** und **Hypersthen** (zunehmend eisenhaltig) finden sich in basischen Tiefen- und Ergußgesteinen. H 5,5–6. G 3,1–3,5. Grau, braun, grün, schwarz; oft mit bronzeartigem Schiller (Bronzit). [8 Bronzit, in Norit, Bayern; 9 Norwegen.]

10 **Olivin** (Peridot). Mg_2SiO_4 (Mg oft beschränkt durch Fe ersetzt). Orthorhombisch. In einzelnen Körnern (Einsprenglinge in basischen Ergußgesteinen) und körnigen Aggregaten (Olivinknollen in Basalten). Hauptgemengteil der Peridotite. Wandelt sich durch Wasseraufnahme in Serpentin um. H 6,5–7. G 3,2–4,2 (je nach Eisengehalt). [Gleichenberg, Steiermark.]

11–13 **Titanit** (Sphen). $CaTiSiO_5$. Monoklin. Tafelig. H 5–5,5. G 3,5. Honiggelb, briefkuvertartig (S. 15/42) in Syeniten und Nephelinsyeniten [13 Ditro]; als Kluftmineral grünlich. [11–12 Gletsch, Wallis.]

4
1
2
5
b
c
a
a
c
3a
3b
13
8
6
11
12
10
9
7

Die Minerale dieser Tafel kommen vorwiegend in Pegmatiten (S. 10) vor. Aus solchen sind außerordentlich viele, meist seltene Minerale bekannt, in denen neben leichtflüchtigen Bestandteilen (wie Wasser, Bor, Chlor, Fluor) eine große Anzahl oft seltener Elemente (wie z. B. die sogenannten seltenen Erden) vorkommen. Aus der großen Anzahl solcher Minerale erwähnen wir:

Muskovit (siehe S. 40).

1–4 **Turmalin.** Komplex zusammengesetztes borhaltiges Tonerdesilikat. Trigonal. Bildet lange prismatische Kristalle (S. 15/24 [1–4] dreiseitigem, meist etwas gerundetem Querschnitt [2] und Streifung parallel zur Längsrichtung (Unterschied gegenüber Hornblende und Augit!). H 7. G 3,0–3,2. Keine Spaltbarkeit. Glasglanz auf Kristallflächen, Pechglanz auf Bruch. Gewöhnlich pechschwarz; aber auch braun, rötlich, blau, grün, gelbgrün, selten farblos. Sehr verbreitet in Pegmatiten (S. 49/4). [1 Brasilien; 2 Elba; 3 im Chloritschiefer des Greiner, Tirol; 4 Rubellit, im Dolomit von La Pala, Kalifornien.]

5 **Topas.** $Al_2(F, OH)_2SiO_4$. Orthorhombisch. In prismatischen Kristallen. H 8. G 3,5. Farblos, gelb, grünlich oder bläulich. In Pegmatiten, oft zusammen mit Zinnerz. [Brasilien.]

6–7 **Beryll.** $Al_2Be_3Si_6O_{18}$. Hexagonal. In säuligen Kristallen (S. 15/19). H 7,5–8. G 2,6–2,8. Gelblich, grünlich, grasgrün (**Smaragd** [6]), blaugrün bis blau (**Aquamarin** [7]), auch rosa. In Pegmatiten und deren Verwitterungslagerstätten («Seifen»). Geschätzter Edelstein. [6 Ural; 7 Colorado.]

8 **Zirkon.** $ZrSiO_4$. Tetragonal. In prismatischen Kristallen (S. 15/13). H 7,5. G 4,0– 4,7. Meist rotbraun bis braun. Der durchsichtige, gelbrote Zirkon (Hyazinth) ist als Edelstein geschätzt. Zirkon tritt als Nebengemengteil in vielen Eruptivgesteinen, in größeren Kristallen, aber besonders in pegmatitischen Nephelinsyeniten auf.

9 **Wolframit.** $(Fe, Mn)WO_4$. Monoklin. In stengeligen oder dicktafeligen Kristallen. H 5–5,5. G 7,1–7,5. Dunkelbraun bis pechschwarz, metallglänzend; Strich dunkelbraun. In Pegmatiten, meist zusammen mit Zinnerz. [Zinnwald, Sachsen.]

10 **Uranpecherz** (Uraninit). UO_2, mit radioaktiven Zerfallsprodukten (Blei, Radium, Helium usw.). Kubisch. Kristalle (Würfel und Oktaeder) in Pegmatiten; sonst in derben und dichten Massen (**Pechblende**). H 4–6. G 7–11. Schwarz, pechglänzend; Strich bräunlichschwarz. Wichtigstes Uranerz. [Joachimstal (Jachymov), Böhmen.]

11 **Carnotit.** $K_2(UO_2VO_4)_2$ $3H_2O$. Kanariengelb, grüngelb bis grünschwarz; matt, erdig. H 4. G 5. Kommt vor allem als Verwitterungsbildung in Sandsteinen vor. Wichtiges Uranerz. [Colorado.]

12–13 Die beiden Uranglimmer **Torbernit** (Kupferuranglimmer) $Cu(UO_2)_2P_2O_8$ $10H_2O$ und **Autunit** (Kalkuranglimmer) $Ca(UO_2)_2P_2O_8$ $10H_2O$ bilden kleine tafelige Kristalle und schuppige Aggregate in uranführenden Erzgängen (oft zusammen mit Uranpecherz), meist in Granitgebieten. Torbernit ist grasgrün bis smaragdgrün, mit H 2–2,5 und G 3,4; Autunit ist schwefelgelb bis zeisiggrün, mit H 2 und G 3,3. [12 Torbernit, Johann-Georgenstadt, Sachsen; 13 Autunit, Mt. Spokane, Washington.]

3
4
1
2
5
6
7
8
8
9
11
10
13
12

1–4 **Andalusit.** Al_2SiO_5. Orthorhombisch. In stengeligen bis säuligen Kristallen zusammen mit Quarz in kristallinen Schiefern (1–3). H 7,5 (oft geringer infolge beginnender Umwandlung). G 3,2. Rosa, rotviolett, auch blauviolett, grau und grünlich. In Knötchen und Stengeln als Gemengteil von kontaktmetamorphen tonigen Gesteinen; bisweilen bildet eingelagerte kohlige Substanz ein schwarzes Kreuz im Querschnitt (Chiastolith). [1 Lisenzer Alpe, Tirol; 2 Landarenca, Tessin; 3 Pischahorn, Graubünden; 4 Chesterfield, Connecticut.]

5 **Sillimanit.** Al_2SiO_5. Orthorhombisch. Stengelige, strahlige und faserige Aggregate in tonerdereichen kristallinen Schiefern, die bei hoher Temperatur und hohem Druck entstanden sind. H 6,5. G 3,2. Weiß, auch gelblich oder grünlich. [Umgebung von Bellinzona, Tessin.]

6 **Disthen** (Cyanit). Al_2SiO_5. Triklin. Stengelige Kristalle (S. 15/47) von blauer Farbe. Härte in der Längsrichtung 4,5 (mit dem Messer ritzbar), in der Querrichtung 6,5 (nicht ritzbar). G 3,5–3,7. In Glimmerschiefern, oft zusammen mit Staurolith (S. 61/5). [Pizzo Forno, Leventina, Tessin.]

7 **Staurolith.** $FeAl_4Si_2O_{11}H_2O$. Orthorhombisch. Prismatische Kristalle, oft zu Durchkreuzungszwillingen angeordnet (S. 15/33–34) [7]. H 7. G 3,5–3,8. Rotbraun bis braunschwarz. In kristallinen Schiefern, oft zusammen mit Granat und Disthen (S. 61/5). [Georgia, USA.]

8 **Cordierit.** $Mg_2Al_4Si_5O_{18}$. Orthorhombisch. Bläulich, grünlich, gelblich; zeigt Fettglanz (bisweilen mit Quarz zu verwechseln). H 7. G 2,6 In kristallinen Schiefern und Kontakthornfelsen. [Bamle, Norwegen.]

9–12 **Granat.** Silikat von Al (oder Fe) mit Ca, Mg oder Fe. Kubisch. In isometrischen Kristallen (Rhombendodekaeder oder Deltoidikositetraeder, S. 15/4–6), rundlichen Körnern oder derben Massen. H 6,5–7,5. G 3,4–4,2, je nach Zusammensetzung. Meist rot, rotbraun oder dunkelbraun, auch grüngrau. Der Eisentongranat **Almandin** $Fe_3Al_2(SiO_4)_3$ [9, 10] ist ein häufiger Bestandteil kristalliner Schiefer (S. 63/2). Der Kalktongranat $CaAl_2(SiO_4)_3$ findet sich als graugrüner **Grossular** [11] in kontaktmetamorphen kalkigen Gesteinen, als gelbroter **Hessonit** [2] in Kalksilikatfelsen. Der Magnesiatongranat **Pyrop** $Mg_3Al_2(SiO_4)_3$ kommt in Peridotiten und Serpentinen vor. Der Kalkeisengranat **Andranit** $Ca_3Fe_2(SiO_4)_3$ ist ein Begleiter von Eisenerzen auf Kontakterzlagerstätten. **Melanit** ist ein titanhaltiger Andradit. [9 Voreland, Norwegen; 10 Bodö, Norwegen; 12 Val Maigels, Gotthard.]

13 **Diopsid.** $CaMgSi_2O_6$. Monoklin. Säulige Kristalle und derbe Massen. H 5–6. G 3,3. Graugrün, weiß, auch farblos. Bestandteil metamorpher kalkiger Gesteine (S. 63/5); auch auf alpinen Mineralklüften. [Cherbadung, Wallis.]

14–16 **Vesuvian** (Idokras). Wasserhaltiges Ca-Al-Silikat. Tetragonal. Meist in dicksäuligen Kristallen (S. 15/14) und körnigen Aggregaten. H 6,5. G 3,3. Graugrün, braun, gelbbraun. In Kristallen zuweilen mit Granat, in Aggregaten mit Diopsid zu verwechseln. Als Kontaktmineral in Kalksilikatfelsen, so z. B. in Auswürflingen am Vesuv. [14 Predazzo, Italien; 16 Findelen bei Zermatt.]

17 **Wollastonit.** $CaSiO_3$. Triklin. Meist in strahligen, nadeligen, körnigen Aggregaten von weißer oder grauer Farbe. H 4,5–5. G 2,8. Typisches Kontaktmineral in kalkigen Gesteinen. [Im Phonolith des Kaiserstuhls, Baden.]

14
15
16
11
10
17
9
12
6
7
13
8
3
4
5
2
1

1 **Serizit.** Feinschuppige, meist seidenglänzende Varietät von Muskovit (S. 38). Verbreitet in vielen kristallinen Schiefern höherer Zonen (Phyllite, Serizitschiefer, S. 63/3). [Serizitphyllit, Greina, Graubünden.]

2–3 **Chlorit.** Wasserhaltiges Al-Mg-Silikat. Monoklin, pseudohexagonal. Meist in blättrigen, schuppigen Aggregaten oder eingewachsen im Gestein. Gute Spaltbarkeit; nicht elastisch biegsam (Unterschied gegenüber Glimmer!). H 1–3. G 2,6–3,5. Graugrün bis grünschwarz (Name!). Häufiges Umwandlungsprodukt von Al-Mg-Silikaten (Biotit, Hornblende, Augit). In vielen kristallinen Schiefern. Auf alpinen Mineralklüften in tafeligen oder dicksäuligen Kristallen, als Überzug über Quarz und Adular, als Füllmasse von Kristalldrusen (Chloritsand). [2 Chloritschiefer (mit Magnetit), Mähren; 3 Überzug über Adular, Wallis.]

4–5 **Talk.** $Mg_3(OH)_2Si_4O_{10}$. Monoklin. Blättrige bis schuppige Aggregate. H 1; fettig anzufühlen. G 2,7. Weiß, grünlich. Häufiges Umwandlungsprodukt von Mg-Silikaten (Olivin, Pyroxen). Bestandteil von kristallinen Schiefern (Talkschiefer), die durch Umwandlung ultrabasischer Eruptivgesteine entstanden sind. – **Speckstein** ist weißer, dichter Talk. **Lavezstein** (Giltstein, Topfstein) ist unreiner Talk, der zu Gefäßen, Öfen usw. verarbeitet wird. [4 Talk, 5 Talk auf Lavezstein, beide Gerental, Oberwallis.]

Serpentin. Wasserhaltiges Mg-Silikat (etwa $3MgO\ 2SiO_2\ 2H_2O$), oft etwas eisenhaltig. In fein- bis feinstkristallinen Aggregaten, meist dicht (gemeiner Serpentin), auch blättrig bis schuppig (Blätterserpentin, Antigorit) oder faserig (Faserserpentin, Chrysotil); reine feinfaserige Aggregate heißen Serpentin**asbest.** H 3–4, oft härter durch Verkieselung. G 2,5. Grünlich, dunkelgrün, schwarz. Umwandlungsprodukt von Olivin oder Pyroxen, meist durch Metamorphose von ultrabasischen Eruptivgesteinen (S. 51/6).

6 **Tremolit** (Grammatit). $Ca_2Mg_5(OH)_2Si_8O_{22}$. Monoklin. Glied der Amphibolgruppe. Stengelige Kristalle, meist in strahligen bis faserigen Aggregaten. H 5,5–6. G 2,9. Weiß, grau. In metamorphen Kalken. [Campolungo, Tessin.]

7 **Aktinolith** (Strahlstein). Chemisch ähnlich wie Tremolit, aber etwas eisenhaltig. Monoklin. Glied der Amphibolgruppe. In stengeligen Kristallen und strahligen bis faserigen Aggregaten [Feldbach, Binntal, Wallis]. H 5,5–6. G 3,0. Meist dunkelgrün bis grünschwarz, auch hellgrün und graugrün. Als Gemengteil in Mg-reichen kristallinen Schiefern. – Derbe, dichte Aggregate mit lang- und feinfaseriger Struktur werden als Strahlstein**asbest** (Amiant) zu unverbrennbaren Geweben verarbeitet. **Nephrit** ist sehr zäher, dichter, verfilzter Strahlstein; er wurde prähistorisch zu Steinwerkzeugen verwendet.

8–9 **Epidot** (Pistazit). $Ca_2(Al,Fe)_3(OH)(SiO_4)_3$. Monoklin. Als schwarzgrüne, langstengelige, in der Längsrichtung gestreifte Kristalle auf Mineralklüften. Häufiger gelbgrün, als Körner im Gestein eingewachsen, in Adern das Gestein durchziehend oder in körnigen bis dichten Aggregaten. H 6–7. G 3,4. Als Kontaktmineral und in kristallinen Schiefern (Amphibolite, Chloritschiefer). [8 Untersulzbach, Tauern; 9 Davos, Graubünden.]

10 Mit Epidot verwandt sind **Klinozoisit** (monoklin) und **Zoisit** (orthorhombisch), beide grau, $Ca_2Al_3(OH)(SiO_4)_3$. [Fichtelgebirge.]

11 **Kaolin.** $Al_2O_32SiO_2\ 2H_2O$. Feinkristalline, schuppige Aggregate sowie erdige bis dichte Massen. H 1; fettig anzufühlen. G 2,6. Weiß, matt. Beim Anhauchen Tongeruch. Durch Umwandlung vor allem aus Feldspat entstanden. Bestandteil der meisten Tone. Als Porzellanerde keramisch verwendet. [Böhmen.]

4
5
11
3
1
2
7
10
8
6
9

Tiefengesteine

Granite sind saure, helle, mittel- bis grobkörnige Gesteine, die vor allem aus Quarz und Feldspat (Kalifeldspat und Plagioklas) und wechselnden (meist geringen) Mengen von Biotit, seltener Hornblende, bestehen. Sie sind gleichkörnig [1, 2] oder durch das Auftreten größerer Kalifeldspatkristalle porphyrartig [3] ausgebildet. Sie treten in der Natur meist in größeren, wohlumgrenzten Massen (Massiven) auf und gehören zu den verbreitetsten Gesteinen im Sockel der Kontinente und in den tieferen Zonen der großen Faltengebirge.

Bisweilen werden Granite (und kristalline Schiefer) fälschlich als «Urgestein» bezeichnet. Während die feste Erdkruste etwa 4 Milliarden Jahre alt ist, wurden die Granite von Baveno [1] und Montorfano [2] vor etwa 270 Millionen Jahren (am Ende des Paläozoikums) gefördert, und der Bergeller Granit (Graubünden) ist mit seinen 30 Millionen Jahren (mittlere Tertiärzeit) ausgesprochen jung.

Die Granite werden hier zu den Eruptivgesteinen (Tiefengesteine) gerechnet und sind meist durch Erstarrung aus einem sauren magmatischen Schmelzfluß entstanden. Doch kommen auch seltenere Fälle vor, in denen tonerdereiche, kristalline Schiefer durch Stoffzufuhr zu Graniten umgebildet worden sind (sog. Granitisation).

1 **Roter Granit von Baveno.** Das massige, gleichkörnige Gestein besteht etwa zu gleichen Teilen aus Kalifeldspat (rötlich), Plagioklas (rein weiß) und Quarz (hellgrau, fettglänzend), während die wenigen schwarzen Blättchen von Biotit im Gefüge verstreut sind. Nicht sichtbar sind häufige Drusenräume mit schön ausgebildeten Kristallen von Quarz, Kalifeldspat (S. 37/1, 4, 5) und Zeolithen. Der Baveno-Granit bildet das zugehörige Tiefengestein zu den Quarzporphyren und Granophyren des Luganeser Gebiets (S. 53, 6–7). [Baveno, Oberitalien.]

2 **Weißer Granit von Montorfano.** Der massige Montorfano-Granit, der allmählich in den roten Baveno-Granit übergeht, besteht wie dieser aus einem gleichkörnigen Gefüge von Quarz (hellgrau, fettglänzend) und Feldspat (reinweiß) mit spärlich eingestreuten Biotitblättchen. Die beiden Feldspatarten (Kalifeldspat und Plagioklas) sind hier der Farbe nach nicht zu unterscheiden. [Montorfano bei Baveno, Oberitalien.]

3 **Punteglias-Granit.** Der porphyrartige Granit enthält große, kristallographisch gut umgrenzte Individuen von Kalifeldspat, die in einem gleichkörnigen Gefüge von Quarz, Feldspat (Kalifeldspat und Plagioklas) und reichlich Biotit auftreten. Infolge des größeren Biotitgehaltes neigt der Punteglias-Granit bereits zu intermediärer Zusammensetzung. [Punteglias, Aarmassiv, Graubünden.]

4 **Turmalinpegmatit.** Das sehr grobkörnige Gestein besteht aus Feldspat (weiß), Quarz (hellgrau), Muskovit (silberglänzend, infolge von Reflexen auch dunkelgrau [z.B. oberhalb der Mitte], z.T. größere Tafeln bildend) und Turmalin (schwarz, unterhalb der Mitte und links oben am Rand). Er bildet zahlreiche Gänge in Gneisen und Glimmerschiefern. – Pegmatite entstanden aus Restlösungen granitischer Schmelzen und enthalten oft viele seltene Minerale von Be, B, Li, Cs, Rb, Zr, Ti, Nb, Ta, Sn, W, U, Th, seltenen Erden usw. Sie sind daher technisch von Bedeutung. Auch der Glimmer wird abgebaut und findet als Isolationsmaterial Verwendung. [Brissago, Tessin.]

1
2
3

Die Gesteine dieser Tafel sind viel seltener als die Granite. Relativ häufig findet man in Faltengebirgen Gabbro und Serpentine. Letztere sind durch Wasseraufnahme aus Peridotiten hervorgegangen; sie finden häufig als Dekorationssteine Verwendung. Syenite und Diorite kommen in kleineren Massiven vor; bisweilen begleiten sie auch die Granite.

1 **Syenit.** Das intermediäre massige Gestein führt vorwiegend Kalifeldspat (rötlich) neben Plagioklas (weiß) und etwas Quarz (hellgrau). Grünschwarze Körner und Stengel von Biotit und Hornblende sind gleichmäßig im Gefüge verteilt. [Plauenscher Grund, Sachsen.]

2 **Diorit.** Das intermediäre gesprenkelte Gestein besteht etwa zu gleichen Teilen aus Plagioklas (weiß) und den dunkelgrüngrauen Mineralen Hornblende und Augit. Bisweilen tritt auch schwarzbrauner Biotit auf. [Odenwald.]

3 **Diallaggabbro.** Im grobkörnigen basischen Gestein erkennt man leicht den hellgrauen Plagioklas (z. T. in Saussurit umgewandelt) und die graubraunen, oft metallisch schimmernden Tafeln von Diallag (siehe auch S. 41/7). [Marmorera, Graubünden.] – **Norit** (S. 41/8) ist ein verwandtes basisches Tiefengestein, das vor allem aus basischem Plagioklas und orthorhombischem Pyroxen (Enstatit, Bronzit) besteht.

4 **Smaragditgabbro.** Dieses nicht häufige, aber für die Schweizer Alpen charakteristische Gestein stellt einen Gabbro dar, der vor etwa 100 Millionen Jahren (Kreidezeit) eingedrungen ist und im Gefolge der Alpenfaltung eine wesentliche Umwandlung erfahren hat. Er besteht vorwiegend aus basischem Plagioklas (weiß, meist in Saussurit umgewandelt) und dem grasgrünen Smaragdit, einer durch Umwandlung aus Pyroxen entstandenen Hornblendevarietät. An den Korngrenzen zwischen Plagioklas und Smaragdit tritt häufig ein schmaler rötlicher Saum von Granat auf. Das Gestein enthält ferner Aggregate von Talk, die durch Umwandlung aus Olivin entstanden sind (im Bilde nicht sichtbar). Der Smaragditgabbro bildet ein gutes Leitgestein des eiszeitlichen Rhonegletschers. [Allalinhorn, Wallis.]

5 **Peridotit.** Das ultrabasische, feldspatfreie Gestein besteht überwiegend aus Olivin (hellgrün bis olivgrün, siehe auch S. 41/10), dem etwas Pyroxen (dunkelbraun bis schwarz) beigemengt ist. [Centovalli, Tessin.]

6 **Serpentin.** Durch Wasseraufnahme hat sich aus Olivin und Pyroxen des ursprünglichen Peridotits dunkelgrüner bis grünschwarzer Serpentin gebildet, der die Hauptmasse des Gesteins ausmacht. Spärlich finden sich in ihr Körner von noch nicht umgewandeltem Olivin und Pyroxen, die an der Oberfläche oft als Knötchen hervortreten. Das Gestein ist von (oft glänzenden) Ruscheln und Häuten von faserigem bis blättrigem Serpentin durchzogen. [Totalp bei Davos, Graubünden.]

Der zu den Alkaligesteinen gehörende **Nephelinsyenit** (S. 39/3, 41/13) besteht vorwiegend aus Alkalifeldspat (weiß) und Nephelin (meist grau, fettglänzend), zusammen mit Biotit, Amphibol und Pyroxen (alle drei schwarz), oft auch mit Titanit (honiggelb, S. 41/13), Zirkon (braun) und oft etwas Sodalith (blau S. 39/4). In diesen nicht häufigen Gesteinen finden sich untergeordnet oft viele seltene Minerale, reich an seltenen Elementen.

1
2
3
4
5
6

Ergußgesteine

Diese Tafel enthält saure vulkanische hochviskosen der hoch viskosen Beschaffenheit saurer vulkanischer Schmelzflüsse sind sie z. T. vollkommen glasig erstarrt (vulkanische Gläser, 1–4); in andern Fällen sind bei der Abkühlung sehr feinkörnige Mineralgefüge entstanden, die bisweilen noch glasige Zwischenklemmmasse (Glasbasis) enthalten. [$^1/_3$ natürliche Größe.]

1 **Obsidian.** Das schwarze Gestein, das mit muscheligem Bruch unregelmäßig zerfällt und hohen Glanz aufweist, ist vollkommen glasig erstarrt. Es bildet auf der Insel Lipari einen 2 km langen Lavastrom. Obsidian wurde zu steinzeitlichen Werkzeugen (Messer, Schaber usw.) verarbeitet und wird oft in prähistorischen Siedlungen angetroffen. [Lipari, Süditalien.]

2 **Obsidian.** Der schwarze Obsidian enthält Lagen von perlschnurartig aneinandergereihten Bläschen, an denen bei der Entgasung des Schmelzflusses die Kristallisation eingesetzt hat (Sphärolithe). [Lipari, Süditalien.]

3 **Bimsstein.** Brocken von saurer zähflüssiger Lava, die bei Vulkanexplosionen aus dem Schlot ausgeworfen wurden, erstarrten in der Luft unter Gasabgabe zu blasigen bis schaumigen Gebilden von weißer Farbe. Die Gesteinshäutchen zwischen den Bläschen bestehen aus vulkanischem Glas. Bimsstein wird als Schleif- und Poliermittel und zu kosmetischen Zwecken verwendet. [Latacunga, Ekuador.]

4 **Pechstein.** Pechsteine sind vulkanische Gläser von dunkler Farbe und pechartigem Glanz; sie zeichnen sich gegenüber Obsidian durch erhöhten Wassergehalt aus. [Meißen, Sachsen.]

5 **Quarzporphyr.** In einer weißen dichten Grundmasse finden sich zahlreiche kleine Einsprenglinge von Quarz (dunkelgrau, fettglänzend, mit muscheligem Bruch) und Feldspat (weiß). [Kinzigtal, Schwarzwald.]

6 **Quarzporphyr.** Die sehr feinkörnige, rötliche Grundmasse enthält zahlreiche Einsprenglinge von Quarz (rundlich, weiß, mit muscheligem Bruch) und Feldspat (rötlich, matt). [Maroggia bei Lugano, Tessin.]

7 **Granophyr.** In einer feinkörnigen, aus Quarz und Feldspat in gegenseitiger Durchdringung bestehenden Grundmasse von rötlicher Farbe finden sich Einsprenglinge von Quarz (weiß), Feldspat (weiß und rötlich) sowie von Biotit und Hornblende (dunkelgrün bis schwarz, oft zu hellgrünen Aggregaten von Chlorit und Epidot umgewandelt). In Drusenhohlräumen findet man oft kleine, gut entwickelte Kristalle von Quarz und Feldspat. Der Granophyr des Luganeser Gebiets findet als Pflasterstein Verwendung. [Carona, Tessin.]

Rhyolithe (Liparite) sind saure Ergußgesteine meist jungen Alters (Tertiär-Quartär, S. 8), die nach Mineralbestand und Chemismus den Quarzporphyren und Granophyren entsprechen. Neuerdings werden auch letztere Gesteine – ohne Rücksicht auf ihr Alter – oft als Rhyolithe (Liparite) bezeichnet. Dasselbe gilt für Porphyrite (= Andesite) und frische Diabase (= Basalte).

Zu den Leucit führenden basischen Ergußgesteinen (S. 54) gehören **Leucitit** (S. 39/2) und **Leucitbasanit** (S. 39/9). Beide enthalten rundliche, weiße Einsprenglinge von Leucit in einer feinkörnigen Grundmasse von Leucit und Augit, etwas Olivin, beim Leucitbasanit auch Plagioklas. Sie finden sich häufig in den Bergen um Rom und Neapel.

1
2
4
3
7
5
6

Unter den Ergußgesteinen haben die Basalte und dunklen Andesite die weitaus größte Verbreitung. Infolge der leichtflüssigen Beschaffenheit der basischen vulkanischen Schmelzflüsse bilden sie oft Lavaströme und -decken von großer Ausdehnung. In älteren Formationen besitzen sie infolge Zersetzung ihrer dunklen Gemengteile oft grünliche oder rötliche Färbung und werden dann häufig als Diabase und Melaphyre bezeichnet. Die dichten bis feinkörnigen Diabase und mittelkörnigen Dolerite durchsetzen oft als Gänge das umgebende Gestein. Trachyte und Phonolithe treten seltener auf. Verbreitet sind hingegen basische Gesteine mit Nephelin, Leucit und Melilith (Tephrite, Basanite, Leucitite [sog. Leucitbasalte], Nephelinite [sog. Nephelinbasalte], Melilithite [sog. Melilithbasalte], siehe S. 52).

1 **Trachyt.** In einer feinkörnigen Grundmasse von Alkalifeldspat und etwas Biotit liegen große Einsprenglinge von Kalifeldspat (Sanidin) mit glasigem Glanz. Das Gestein fühlt sich rauh an und hat daher seinen Namen erhalten (griech. trachys = rauh). [Drachenfels, Siebengebirge, Rheinland.]

2 **Phonolith.** Die hellgraue bis grünliche, etwas fettglänzende Grundmasse besteht wesentlich aus Alkalifeldspat und Nephelin, mit wenig Amphibol oder Pyroxen; sie enthält spärliche Einsprenglinge der gleichen Gemengteile. Das Gestein wird häufig von goldgelben Adern von Natrolith durchzogen (S. 39/6–7). Der Name des Gesteins rührt davon her, daß ein Schlag des Hammers auf dünne Gesteinsplatten einen hellen Klang erzeugt (Phonolith = Klingstein). Siehe auch S. 39/10 und 45/17. [Hohentwiel, Hegau.]

3 **Heller Andesit.** In einer feinkörnigen Grundmasse, die wesentlich aus Feldspat (Plagioklas) besteht, finden sich zahlreiche Einsprenglinge von Hornblende (grünschwarze Säulchen) und Biotit (braunschwarze Täfelchen). [Visegrad, Ungarn.]

4 **Dunkler Andesit.** Die graue Grundmasse besteht aus einem Gemenge von Plagioklas und Augit. Sie enthält zahlreiche kleine Einsprenglinge von Plagioklas (weiß), Augit (schwarz) und etwas Olivin (olivgrün, etwas unterhalb der Mitte gegen rechts). [Ätna, Sizilien.]

5 **Rhombenporphyr.** In einer feinkörnigen, graubräunlichen Grundmasse aus Plagioklas und Augit liegen zahlreiche Einsprenglinge von Feldspat (Plagioklas) mit rhombenförmigen oder rechteckigen Umrissen. Die mehr oder weniger parallele Anordnung der Einsprenglinge ist durch die Bewegung des Schmelzflusses beim Ausfließen entstanden. [Krokskogen bei Oslo, Norwegen.]

6 **Basalt.** Die sehr feinkörnige Grundmasse des schwarzen Gesteins besteht etwa zu gleichen Teilen aus Plagioklas und Augit (der Augit ist im Gefüge fein verteilt und erzeugt dadurch den schwarzen Eindruck). Das Gestein enthält zahlreiche kleine Einsprenglinge von Plagioklas (weiß), Augit (schwarz) und Olivin. [Kamenický šenov, Böhmen.]

7 **Basaltische Lava.** Das aus Plagioklas und Augit bestehende Gestein zeigt typisch schlackiges Aussehen, wie es für die Bildung an der Oberfläche eines Lavastroms charakteristisch ist. [Süditalien.]

8 **Melaphyrmandelstein.** Die rötliche, dunkle Grundmasse des basaltischen Gesteins besteht im wesentlichen aus Plagioklas und Augit; letzterer ist z.T. in Hornblende umgewandelt. In den Blasenräumen des ursprünglich porösen Gesteins (vgl. 7) hat sich später Kalkspat abgesetzt, wodurch das gesprenkelte Aussehen entstand (sog. Mandelstein-Textur). Die rötliche Farbe ist auf die Oxydation des in kleinen Mengen beigemengten Magnetits zurückzuführen. [Weilburg/Lahn, Westerwald.]

9 **Diabas.** Das dunkelgrüne, hellbraun anwitternde, splittrig brechende Gestein bildet Gänge im Altkristallin der Silvretta-Gruppe. Es besteht aus einem feinkörnigen Gemenge von Plagioklas und Augit; letzterer ist teilweise in Chlorit umgewandelt, der die grünliche Färbung bedingt. [Grialetschpaß, Graubünden.]

2
1
3
4
5
9
8
7
6

Sedimentgesteine

Die Tafel enthält Trümmersedimente von grobem [1, 2, 6], feinem [3, 4] und feinstem [5] Korn. Die Verfrachtung erfolgte teils im Wasser [1, 2, 3], teils durch die Luft [4, 6], teils durch das Eis [5]. Der Absatz erfolgte im Meer [1, 3], im Süßwasser [2] oder auf dem Lande [4, 5, 6].

1 **Konglomerat** (Nagelfluh). Größere, gut gerundete Gerölle von hellen und dunklen Kalken, Sandsteinen und Quarz liegen in sandiger Zwischenmasse. Die Bildung entspricht dem Abtragungsschutt der werdenden Alpen in der frühen Tertiärzeit. [Oligozän; Goldau, Schwyz.]

2 **Konglomerat** (Verrucano-Konglomerat). Eckige und gerundete Komponenten von permischen Sandsteinen und Laven von Quarz liegen in einer sandigen Grundmasse von roter Farbe eingebettet. Die Bildung entspricht dem Abtragungsschutt des herzynischen Gebirges. [Perm.; Cap Martino bei Lugano, Tessin.]

3 **Molassesandstein.** Das feinkörnige Gestein besteht vorwiegend aus Quarzkörnern in einem tonigen Bindemittel. Die Kornbildung ist nicht sehr gut, so daß das Gestein leicht abwittert. Es wird trotzdem in seinem Verbreitungsgebiet häufig als Baustein verwendet. [Miozän; Umgebung von Lausanne, Schweiz.]

4 **Buntsandstein.** Die gut gerundeten Quarzkörnchen liegen in einem Bindemittel, das durch limonitische Substanz rot gefärbt ist. Der Buntsandstein wird als Wüstenbildung zur Zeit der unteren Trias aufgefaßt. Er wurde und wird in seinem Verbreitungsgebiet vielfach als Baustein verwendet (Kathedralen am Oberrhein). [Untere Trias; Umgebung von Heidelberg.]

5 **Glazialton** (aus Moräne). Der graue, dichte Moränenlehm besteht aus allerfeinsten Teilchen von Tonmineralen, denen Körnchen von Kalkspat, Quarz und Feldspat beigemengt sind. [Eiszeitliche Bildung; Mellingen, Aargau.]

6 **Vulkanische Tuffbreccie.** In einer feinkörnigen, wesentlich aus Aschenteilchen bestehenden Grundmasse liegen eckige Brocken von vulkanischen Gesteinen sowie einzelne Kristalle von Augit, die bei einem Vulkanausbruch aus dem Vulkanschlot ausgeworfen worden sind. Die vulkanischen Breccien wechseln häufig mit vulkanischen Tuffen, die durch Verfestigung von vulkanischen Aschen entstanden sind. [Albanergebirge bei Rom.]

1
2
3
4
5
6

Die hier abgebildeten Gesteine sind vorwiegend Ausscheidungssedimente, die teilweise unter Vermittlung von Organismen (1–4), teilweise rein chemisch (5–8) im Meerwasser zum Absatz gelangten. [$^1/_3$ natürliche Größe.]

1 **Kalk.** Der dichte hellgraue Kalkstein läßt auf einer bräunlich anwitternden Schichtfläche einen Belemniten und einige weitere kleine Schalenreste hervortreten. [Lias; Samnaun, Graubünden.]

2 **Kalk.** Der dichte hellgraue Kalkstein besteht aus feinsten Kalkspatteilchen. Er wird in seinem Verbreitungsgebiet häufig als Baustein benützt. [Malm; Berner Jura.]

3 **Kalk** (Nummulitenkalk). Der durch seinen Glaukonitreichtum dunkel gefärbte Kalk enthält zahlreiche Querschnitte von Foraminiferen (Nummuliten). [Eozän; Bürgenstock, Vierwaldstättersee.]

4 **Radiolarit.** Das harte, rote, kieselige Gestein (Hornstein), das sich in seiner typischen Ausbildung mit dem Messer nicht ritzen läßt, ist unter Beteiligung der von den Radiolarien ausgeschiedenen Kieselschalen gebildet worden. [Malm; Arosa, Graubünden.]

5 **Eisenoolith.** Das im Meerwasser gebildete Gestein ist erfüllt von kleinen runden Körnchen limonitischer Substanz mit konzentrisch-schaliger Struktur. Die von den Flüssen hergebrachten Eisenoxyde wurden im Meer als Limonit abgesetzt. Kam dieser auf dem Meeresgrund mit Absätzen in Berührung, die reich an sich zersetzenden organischen Substanzen waren, so konnte er auf kurze Zeit gelöst werden und an die Stelle der organischen Reste treten.

Das Gestein enthält häufig Reste von Ammoniten (oben links), Belemniten und anderen Versteinerungen. Es wird als Eisenerz abgebaut. [Oberer Dogger, Herznach, Aargauer Jura.] – Ein weiteres Eisenerz, das im Verwitterungsbereich gebildet wurde, ist der rote **Bohnerzton** (Bolus) mit dem dunkelbraunen, knolligen **Bohnerz** (S. 25/7); er entstand als Verwitterungsrückstand aus eisenreichen Sedimenten. In ähnlicher Weise bildete sich der meist hellrote **Bauxit** (S. 21/10–11) aus tonerdehaltigen Sedimenten.

6 **Rauhwacke.** Die in der Trias der Alpen verbreiteten löcherigen bis zelligen Dolomitgesteine werden als Verwitterungsprodukte von Dolomit-Gips-Gesteinen usw. betrachtet, bei denen der Dolomit teilweise herausgelöst und der Gips infolge Umsetzung durch Kalkspat ersetzt wurde. [Trias, Val Canaria, Tessin.] – In der alpinen Trias sind helle bis graue dichte **Dolomite** sehr verbreitet; sie sind den Kalken sehr ähnlich, brausen aber nur mit warmer verdünnter Salzsäure.

7 **Gips.** In der mittleren Triaszeit bildeten sich im Schweizer Jura und in einem Großteil der Schweizer Alpen küstennahe lagunäre Ablagerungen von Gips, Anhydrit und Steinsalz. Die leichte Löslichkeit von Gips bewirkt die oft bizarren äußeren Formen (siehe auch S. 35/4–5). [Trias; Krattigen, Thunersee.]

8 **Steinsalz.** Zusammen mit Gips bildete sich das weiße, auch rötliche oder bläuliche Steinsalz, das zur Herstellung von Tafelsalz oder zur Sodafabrikation abgebaut wird. Charakteristisch sind hier die großen weißen Kristalle mit würfeliger Spaltbarkeit (siehe auch S. 35/6). [Trias; Berchtesgaden, Oberbayern.]

9 **Kohle.** Durch Umwandlung pflanzlicher Substanzen unter Luftabschluß (Verkohlung) bildeten sich Kohlenflöze und -lager, die sich durch einen hohen Gehalt an Kohlenstoff (hier über 60 %) auszeichnen. [Eozän; Kandergrund, Berner Oberland.]

2
1
4
3
5
6
7
8
9

Metamorphe Gesteine

Die Tafel zeigt kristalline Schiefer, die durch tiefgreifende Umwandlung (sog. Regionalmetamorphose) bei Temperaturen von etwa 500–650° und unter erhöhtem Druck entstanden sind, teils aus sandigen und tonigen Sedimenten, teils aus granitischen Eruptivgesteinen. Es sind dies vor allem Gneise. Sie bestehen – wie die Granite – vorwiegend aus Quarz, Feldspat (Kalifeldspat und Plagioklas) und Glimmer (Biotit, Muskovit), zeigen aber – im Gegensatz zu den Graniten – parallele oder lagige Anordnung ihrer Gemengteile oder eine ausgesprochene Schiefrigkeit. Ihnen schließen sich die Glimmerschiefer (Quarz und Glimmer, ohne Feldspat) an. Nach ihrer Struktur sind die Gneise außerordentlich mannigfaltig und bieten Anlaß zur Unterscheidung zahlreicher Varietäten (Lagengneise, Flasergneise, Augengneise, Adergneise usw.). Gneise und Glimmerschiefer besitzen größte Verbreitung in den bei höherer Temperatur gebildeten Komplexen kristalliner Schiefer.

Gneise sind in den Schweizer Alpen weit verbreitet, so in Aar- und Gotthardmassiv, im südlichen Wallis (z. B. Gebiet des Monte Rosa), im Tessin (z. B. Maggia-Tal und Verzasca-Tal) und im südlichen und östlichen Graubünden (z. B. Adula und Silvretta). Die oft vorzüglich plattig absondernden Gneise werden vielfach als Bau- und Dekorationsmaterial verwendet; im Steinbruchgewerbe werden sie fälschlicherweise als «Granite» bezeichnet.

1 **Lagengneis.** Das gut geschieferte Gestein besteht in feinem Wechsel aus Lagen von hellen (Quarz und Feldspat) und dunklen (Biotit) Gemengteilen. Es ist möglich, daß eine feine Wechsellagerung von sandigem und tonigem Material durch Umwandlung zu diesem Gestein geworden ist. [Tegna, Pedemonte, Tessin.]

2 **Flasergneis** (Antigorio-Gneis). Charakteristisch ist die unregelmäßig flaserige Anordnung der hellen Gemengteile (Quarz und Feldspat), zwischen denen die schwarzen Biotitblättchen in mehr oder weniger paralleler Anordnung eingelagert sind. Das Gestein ist vermutlich durch Umwandlung eines ursprünglichen Granits entstanden. [Gondo, Simplongebiet, Wallis.]

3 **Augengneis.** Im feinkörnigen, gut geschieferten Grundgewebe aus Quarz, Feldspat und Biotit liegen größere «Augen» von Kalifeldspat (mit ausgeschwänzten Enden). Die Entstehung dieses Gesteins ist umstritten. [Badgastein, Tauern.]

4 **Glimmerschiefer.** Das flaserige, gefältelte Gestein, das wesentlich aus Quarz und Muskovit besteht, erscheint hier in der Aufsicht auf die Schieferungsflächen. Diese sind vollkommen von Häuten hellen Glimmers bedeckt, die im Auflicht reflektieren. [Umgebung von Lugano, Tessin.]

5 **Staurolith-Disthen-Schiefer.** In einem sehr feinkörnigen Grundgewebe aus Quarz, Feldspat und Glimmer liegen größere stengelige Kristalle von Staurolith (braunschwarz) und Disthen (hellblau, z. T. reflektierend). [Pizzo Forno, Leventina, Tessin.]

2
1
3
5
4

Die hier abgebildeten metamorphen Gesteine sind Umwandlungsprodukte mergeliger [1], toniger [2–3], kalkiger [4–5], sandiger [6] und kohliger [7] Sedimente. Die Amphibolite [1] können aber auch von gabbroiden Eruptivgesteinen abstammen. Die metamorphen Umwandlungsprodukte ultrabasischer Gesteine (Serpentine usw.) wurden schon auf S. 50 besprochen. [$^2/_5$ natürliche Größe.]

1 **Amphibolit.** Das deutlich geschieferte Gestein, das hier in Aufsicht auf eine Schieferungsfläche dargestellt ist, besteht wesentlich aus Plagioklas (weiß) und Hornblende (grünschwarz). Die Ursprungsgesteine von Amphiboliten sind entweder mergelige Sedimente oder basische Eruptivgesteine. Amphibolite sind als Einlagerungen in Gneisen in vielen Kristallingebieten sehr verbreitet. [Umgebung von Bellinzona, Tessin.]

2 **Granat-Hornblende-Garbenschiefer.** In einem feinkörnigen Grundgewebe von Quarz und Glimmer (Muskovit und Biotit) liegen rundliche, rote Körner von Granat und grünschwarze, garbenartig angeordnete Stengel von Hornblende (siehe auch S. 41/4). Der Garbenschiefer ist durch Umwandlung aus einem schwach mergeligen Tongestein entstanden. [Tremola-Serie am Südrand des Gotthardmassivs, Tessin.]

3 **Serizit-Chlorit-Schiefer.** Das leicht gefältelte, phyllitische Gestein führt seidenglänzenden Serizit und grünlichen Chlorit auf den Schieferungsflächen und ist reichlich mit Quarz durchsetzt. Es entspricht dem Umwandlungsprodukt eines tonigen Gesteins in den höheren Zonen eines Faltengebirges. (Siehe ferner Serizitphyllit S. 47/1, Chloritschiefer S. 43/3 und 47/2.) [Carrera, Toscana.]

4 **Kristalliner Kalk (Marmor).** Ein reiner, dichter Kalk wird durch Umkristallisation zu einem körnigen, kristallinen Kalk (Marmor). Der feinkörnige Marmor von Carrara, der sich leicht bearbeiten läßt, bildete das Material für viele berühmte Werke der plastischen Kunst. [Carrara, Toscana.] Ähnlich der Marmor von Candoglia bei Ornavasso, Oberitalien (Baumaterial des Mailänder Doms). – In entsprechender Weise wurden Dolomite zu **Dolomitmarmoren** umgewandelt (Binntal, Wallis, S. 21/4–5, 33/7; Campolungo, Tessin, S. 27/5–6; Kalifornien, S. 43/4). Die Naturwissenschaft bezeichnet als Marmore lediglich umgewandelte (metamorphe) Kalke und Dolomite. Im Gegensatz dazu werden im Dekorationsstein-Gewerbe und in der Kunstgeschichte alle dekorativen Kalksteine Marmore genannt.

5 **Kalksilikatfels.** Das mittelkörnige Gestein besteht aus Granat (rötlich), Diopsid (dunkelgraugrün), Kalkspat (hellgrau) und Quarz (weiß); es ist aus einem unreinen Kalk durch Metamorphose bei ziemlich hoher Temperatur entstanden. [Umgebung von Bellinzona, Tessin.] Ähnliche Gesteine finden unter der irreführenden Bezeichnung «Granito nero di Castione» als Dekorationssteine weite Verbreitung. – Weitere Kalksilikatfelsen siehe S. 45/11–13.

6 **Quarzit.** Aus einem Sandstein entstand durch Umkristallisation bei der Metamorphose ein Quarzit. Das feinkörnige Gestein besteht fast ausschließlich aus Quarzkörnern in buchtiger Verzahnung. Auf den Schieferungsflächen sind zahlreiche Serizitblättchen entstanden. [Wallis.]

7 **Graphitschiefer.** Der Graphitschiefer ist das Umwandlungsprodukt eines kohligen Sediments. Der Kohlenstoffgehalt ist als Graphit auskristallisiert und bildet die weichen, glänzenden Häute auf den Schieferungsflächen. [Umgebung von Davos, Graubünden.]

2
3
1
5
4
7
6

Register

Minerale

Gesteine

Empfehlenswerte Literatur

Allgemeine Erdkunde

T. P. Labhart, Geologie. Einführung in die Erdwissenschaften. Taschenbuch 71. 108 S. Hallwag Bern-Stuttgart 1975.

E. Nickel, Grundwissen in Mineralogie. Teil 3: Petrographie. Ott Thun 1975.

F. Lotze, Geologie. Slg. Göschen, Nr. 13.

K. Schmidt, Erdgeschichte. Slg. Göschen, Bd. 5001.

H. G. Wunderlich, Einführung in die Geologie. 2 Bde. B. I. – Hochschultaschenbücher 340, 341. Mannheim-Wien-Zürich 1968.

R. German, Studienbuch Geologie. 161 S. Klett Stuttgart 1970.

C. v.Bülow, Taschenbuch Geologie. Die Entwicklungsgeschichte der Erde. 2 Bde. 936 S. Tausien Hanau/Main 1971.

H. Cloos, Einführung in die Geologie. 503 S. Borntraeger Berlin 1963.

H. P. Cornelius, Grundzüge der allgemeinen Geologie. 315 S. Springer Wien 1953.

R. Gheyselinck, Die ruhelose Erde. 272 S. Ullstein West-Berlin 1954.

N. Calder, Erde – ruheloser Planet. 160 S. Hallwag Bern-Stuttgart 1972.

Regionale Geologie

G. Wagner, Einführung in die Erd- und Landschaftsgeschichte, mit besonderer Berücksichtigung Süddeutschlands. 664 S. Rau Öhringen 1950.

H. Suter und F. Hofmann, Sprechende Landschaft, Bd. II: Sehen und Erkennen. 228 S. Emil Frei Zürich 1960. (Vorzügliche, allgemein verständliche Darstellung der Geologie der Schweiz.)

F. de Quervain, Die nutzbaren Gesteine der Schweiz. 312 S. Kümmerly & Frey Bern 1969.

Die Erdgeschichte in der Umgebung von Basel. Naturhistorisches Museum Basel.

H. Suter und R. Hantke, Geologie des Kt. Zürich. 172 S. Leemann Zürich 1962.

E. Schmid, Natursteine in Bern. 36 S. Schweizer Realbogen 127. Haupt Bern 1970.

E. Gerber und K. L. Schmalz, Findlinge. Berner Heimatbücher 34, Haupt Bern 1948.

Der Aufschluß. Sonderhefte zur regionalen Geologie verschiedener Gebiete. Heidelberg.

Geologische Karte der Schweiz 1 : 500 000. 1970.

Tektonische Karte der Schweiz 1 : 500 000. 1970.

Geologische Karte der Bundesrepublik Deutschland und benachbarter Gebiete. Bundesanstalt für Bodenforschung Hannover 1973.

Vulkane

A. Rittmann, Vulkane und ihre Tätigkeit. 336 S. Enke Stuttgart 1960.

M. Loosli, Faszinierende Vulkane. 120 S. Orell Füssli Zürich 1963.

E. Nickel, Führer durch die Äolischen Inseln. 118 S. Der Aufschluß, Heidelberg 1964.

Mineralkunde

R. Brauns und F. Chudoba, Allgemeine Mineralogie. Slg. Göschen, Nr. 29. Spezielle Mineralogie, Slg. Göschen, Nr. 31.

R. L. Parker, Mineralienkunde. 312 S. Ott Thun 1967.

R. Seim, Minerale, 443 S. Neumann Melsungen BRD / Radebeul DDR 1970.

A. G. Betechtin, Lehrbuch der speziellen Mineralogie. 683 S. VEB Deutscher Verlag für Grundstoffindustrie Leipzig 1971.

E. Nickel, Grundwissen in Mineralogie. Teil I: Grundkursus; Teil II: Aufbaukursus. Ott Thun 1971/1972.

R. Börner, Welcher Stein ist das? Kosmos Naturführer. 176 S. Stuttgart 1958.

R. L. Parker, Die Mineralfunde der Schweiz. 433 S. Wepf Basel 1973.

M. Weibel, Die Mineralien der Schweiz. 175 S. Birkhäuser Basel-Stuttgart 1969.
F. E. Jakob und H. A. Stalder, Mineralien aus den Schweizer Alpen. Colibri Nr. 1, Vevey 1966.

Zeitschriften

Der Aufschluß. Vereinigung der Freunde der Mineralogie und Geologie e. V. Heidelberg. Hier auch zahlreiche «Sonderhefte» zur regionalen Geologie.
Schweizer Strahler. F. B. Haverkamp, Postfach 650, Luzern.

Toni P. Labhart

GEOLOGIE DER SCHWEIZ

168 Seiten
94 farbige, 7 schwarzweiße Abbildungen,
6 Tabellen und 28 Zeichnungen

Die Schweiz gehört zu den geologisch abwechslungsreichsten und interessantesten Regionen Europas. In diesem Taschenbuch wird diese Vielfalt gegliedert und dem interessierten Laien zugänglich gemacht. Zahlreiche farbige und schwarzweiße Fotos, Strichzeichnungen und Karten erläutern den geologischen Bau und die Erdgeschichte des Landes und zeigen die wichtigsten Gesteins- und Landschaftsformen der Schweiz.

Hallwag-Taschenbuch 153

Werner Munter

BERGSTEIGEN 1

Bergwandern und Felsklettern
140 Seiten,
74 s/w Fotos und 127 Strichzeichnungen

---

90 % aller Bergunfälle könnten durch korrektes Verhalten und optimalen Einsatz des modernen Alpinmaterials vermieden werden. Neben allem, was Bergwanderer und Felskletterer wissen und können müssen, lehrt Bergführer Werner Munter im Taschenbuch Bergsteigen I auch die vernünftige Einschätzung der eigenen Fähigkeiten.

Bergsteigen II (Hallwag TB 149) befaßt sich mit Hochgebirgsklettern und Tourenskilauf.

Hallwag-Taschenbuch 147

Werner Munter

BERGSTEIGEN 2

Hochgebirgsklettern und Tourenskilauf
124 Seiten,
80 s/w Fotos, 130 Strichzeichnungen

«Bergsteigen I» (Hallwag-TB 147) behandelt die Themen Bergwandern und Felsklettern.

Dieser Fortsetzungsband «Bergsteigen II» befaßt sich mit dem Hochgebirgsklettern und dem Tourenskilauf, wobei die grundlegenden Kenntnisse der Sicherungs- und Seiltechnik vorausgesetzt werden. Einzelne Kapitel gelten u. a. der Ausrüstung, dem Gehen in Eis und Schnee, dem Anseilen auf Gletschern, dem Abseilen, dem Biwakieren. Der Autor, Bergführer Werner Munter, hat die meisten großen Nordwände der Berner Alpen durchstiegen und mehrere Erstbegehungen durchgeführt.

Hallwag-Taschenbuch 149

Karl Thöne und Edwin Kaufmann

KARTE UND KOMPAß

80 Seiten
35 schwarzweiße Abbildungen und 22 Zeichnungen

Im sachkundigen Gebrauch von Karte und Kompaß eröffnen sich ganz neue Möglichkeiten, uns in der Natur zu bewegen und zu orientieren. Und sollten wir einmal vom Weg abgekommen oder von Dunkelheit, Nebel oder Sturm überrascht worden sein, können uns diese Hilfsmittel unersetzliche Dienste leisten — wenn wir sie richtig zu handhaben wissen. Die dafür nötigen Kenntnisse vermitteln die Autoren hier Schritt für Schritt. Mit 35 schwarzweißen Fotos und 22 Strichzeichnungen.

Hallwag-Taschenbuch 8

Werner Munter

LAWINENKUNDE

für Skifahrer und Bergsteiger
80 Seiten,
14 Fotos, 20 Zeichnungen

Werner Munter vermittelt die Kriterien für eine richtige Beurteilung der Lawinengefahr — womit sich drei Viertel aller Unfälle vermeiden ließen. Einzelne Kapitel informieren u. a. über Schneebretter und Lockerschneelawinen, über lawinengerechtes Verhalten und über das Suchen nach Lawinenverschütteten. Der Autor ist als technischer Leiter der Lawinenkurse für Tourenleiter des SAC ständig in der Praxis tätig und hat sein Buch für diese Neuauflage völlig überarbeitet und vielseitig ergänzt.

Hallwag-Taschenbuch 11